얼렁뚝딱
공작부인

1

무엇이든 뚝딱 만들어 꾸리는 친환경 살림법

얼렁뚝딱 공작부인

① 장난감, 먹을거리, 살림 편

반디 글 그림

보리

차례

여는 만화 • 4

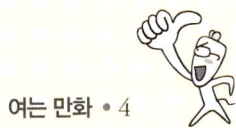

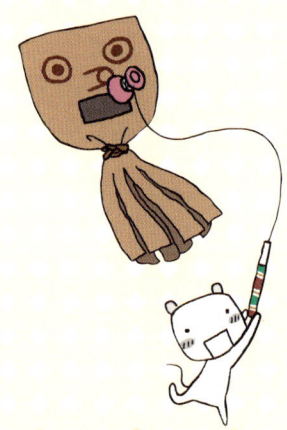

건강한 먹을거리 만들기

이만하면 살림박사

하프 · 조각 그림 맞추기 · 글자 카드 · 낚시놀이 · 천 주사위 · 교구여왕 · 모빌 · 봉숭아 분꽃 · 색깔 낚시놀이
돌상 · 돌상 꽃 · 줄넘기 · 고무줄놀이 · 파도 소리 북 · 잠자리채 · 과일 카드놀이 · 지우개 도장
깃발 장식 끈 · 인형 · 크리스마스 양말 · 성탄절 기분 내기 · 마이크 · 펠트 윷놀이

엄마표 장난감

시작

봄이 오면
산에 들에
꽃이 피고,
나비가 날고,

겨우내 입은 덧옷들은
세탁소에 간다.

목욕 갔다
올게.

세탁

돌아올 때는
세탁소 옷걸이와 함께.

어,
시원하다.

세탁소 옷걸이
두 개를 넣고

수리 수리
마수리 얏

하프로
변해라
!!얍!!

무화아
요요

준비물

고무줄
네 개
~ 여덟 개

세탁소 옷걸이
두 개

(모양이 같은 것으로.)

모루
두세 줄

가는 철사에
털실을 감아 놓은 것.
문방구에 가면
살 수 있어요.

어느 색이
맘에 들어?

이거랑
이거.

반짝이
부드러운

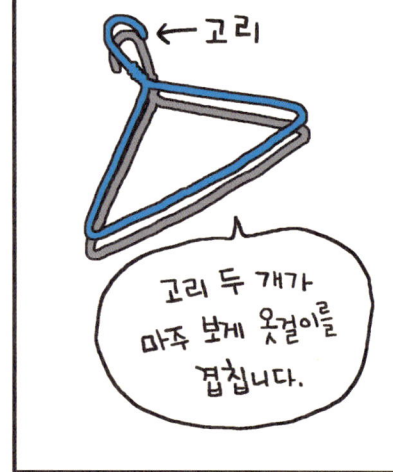

← 고리

고리 두 개가
마주 보게 옷걸이를
접칩니다.

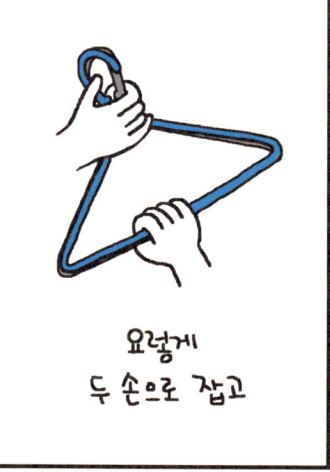

요렇게
두 손으로 잡고

대충
네모꼴로.

쭉 잡아당깁니다.

10

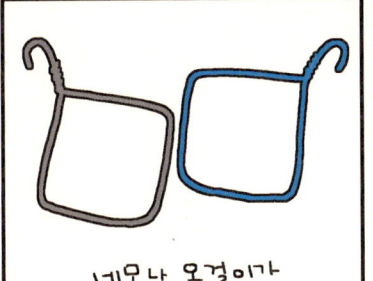

네모난 옷걸이가
두 개 생겼죠?

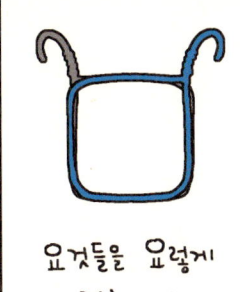

요것들을 요렇게
겹칩니다.

원하는 모양으로 틀을 잡아 줍니다.

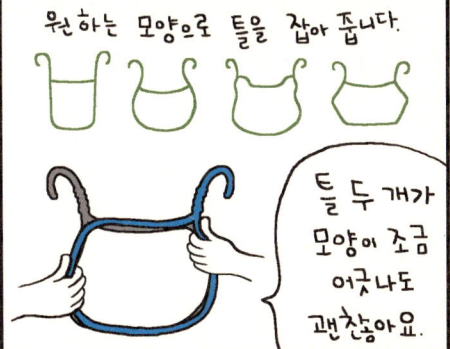

틀 두 개가
모양이 조금
어긋나도
괜찮아요.

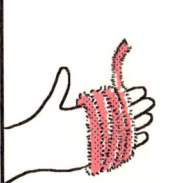

모루를 한 손에
칭칭 감으세요.

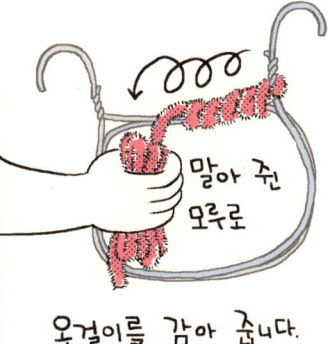

말아 쥔
모루로

옷걸이를 감아 줍니다.

자를 땐 가위로 싹둑.

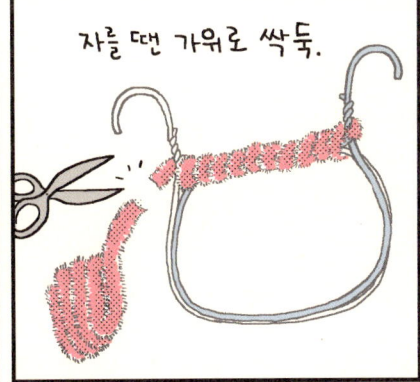

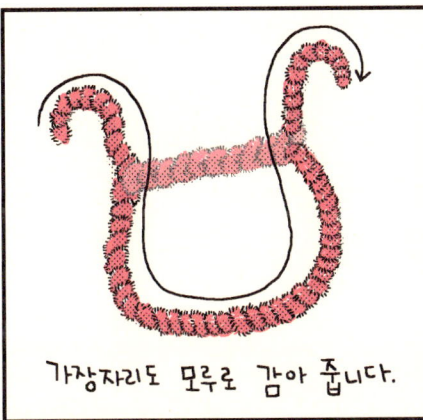

가장자리도 모루로 감아 줍니다.

이것으로도 충분하지만,
반짝이 모루나 다른 색 모루를
듬성듬성 돌려 감으면
더 멋져요.

우와, 예쁘다.

고무줄을 끼워 주면
하프 완성!

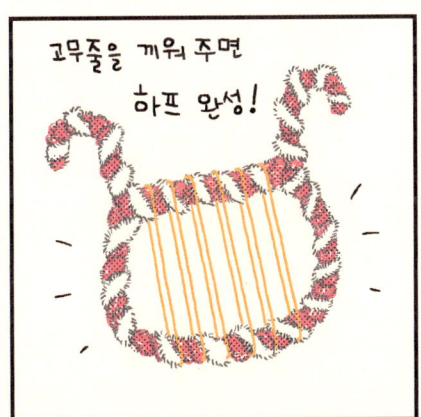

디릭♪
디릭♪

드르륵♪

하프 뜯으며
노래 불러요.

끝

어? 시간이?
집에 가야겠다.

벌써?
아쉽다.

얼렁아, 다음에
또 놀러 와.

안녕히
계세요.

배꼽 손 —

얼렁이,
토실 오빠랑 재밌게
놀았어요?

음……

음……

엄마,
조각그림 맞추기

아!

갖고 싶어요.

사 줘 봤자
몇 번 놀지도 않고,
값도 비싸고,
조각들도 자꾸
사라져서 찾기
귀찮고……

그래도 그냥
얼렁이 생일
선물로 확
질러 버려?

우리 같이
만들어 볼까?

그것도
좋아.

준비물

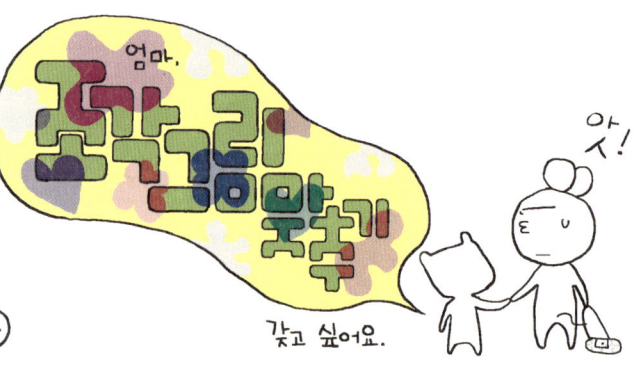

대충 공책
들어갈 크기 상자를
구해요.

종이
상자

풀. 자. 칼.

두꺼운
판

하드보드지
또는 우드락.
(화방에서 팔아요.)
골판지(택배 상자)도
쓸 만하고요.

판 위에 상자를
대고 크기 맞춰
그립니다.

조심.

자 대고
자릅니다.

상자 속에 쏙
들어가는지
확인하세요.

12

하드보드지나 골판지를 잘랐으면 그 위에 바로 그림을 그립니다.

골판지에는 크레용보다 사인펜이 더 잘 그려져요.

우드락에는 바로 그리기 어렵지요. 그럴 땐는 다른 종이에 그린 뒤 풀로 붙이세요.

근데 도무지 그림을 그릴 줄 모르면 어쩌지?

걱정 마라.

지나간 달력 그림을 뜯어서 붙이면 돼.

그럼 아이가 그린 그림을 붙여서 만들어도 좋겠다.

음…… 그럴 수도 있겠지만, 그건 좀 조심해야 해. 그림을 조각 조각 내는 거라서 어린 아이는 마음 상할 수도 있거든.

내그림…

앞 뒷면을 다 붙이면 퍼즐 한 장으로 두 개 효과.

칼로 조각을 냅니다.

골판지는 자르면 먼지가 좀 납니다.

참, 그림을 나누어 잘라야 맞출 때 재밌어요.

이거보다는

요렇게.

상자 속에 그림 조각을 맞추며 놀아요.

상자 크기에 맞게 계속 계속 계속 만들어 넣을 수 있어요.

123
456
789

아이가 크면 조각을 더 잘게 나누어 주면 됩니다.

얼렁아 생일 선물♡

끝

내가 만든 건데…… 내가 나한테 선물을 주는 건가?

13

14

자석에 양면테이프를 붙입니다.

자석을 종이에 붙여 주면 됩니다.

쌓아 놓고.

그래서 토끼는 땅을 치고 울었습니다.

얼렁아, 우리 토끼 글자 카드 만들까?

기회를 봐서 아이를 스리슬쩍 꼬드깁니다.

그림을 그려 줍니다. 아이가 손수 그린다면 더 좋겠죠.

물에 약한 수성 사인펜이나 수성 색연필은 번지기 쉬워요.

글자를 씁니다.

토끼

뒷면에는 아이가 글자를 써 보게 하세요.

요 점이랑 저 점이랑 이어 볼까?

영차 영차

내가 다~ 만드러따아

우리 집엔 이미 글자 카드 있어. 큰애는 한글도 다 뗐고.

우리글 말고도 카드로 만들 수 있는 건 엄청 많아.

또, 아이가 좋아하는 것들로 만드는 것도 인기 만점.

강 이름이나 산 이름, 도시 이름 쓰고 위치 알아보기.

백두산
한강
독도
함석가위
암나사
수나사
끌
니퍼

그래, 그럼 영어 단어 카드나 만들어야지.

Apple
Red
Car

너까지 뭔 영어 타령이야.

내가 해외 어학 연수 보내는 것도 아니고, 영어 학원에 보내는 것도 아닌데, 영어 카드 가지고 뭘 그래? 현실을 보라고.

음, 코팅을 하면 더 튼튼해지지 않을까?

500년 넘도록 쓸 게 아니라면 그냥 둬. 비닐 코팅은 종이까지 썩지 못하게 한다고.

Doll

끝

15

와, 왕건이다.

우리 동네 / 찌지 나라

왕건이?

힘이 센 고무 자석이 붙어 있어서.

또 글자 카드 만들게?

아니. 물고기 만들 거야.

물고기?

그리고 / 찢고 / 붙이며 / 만들어요.

엄마표 낚시놀이

낚싯대 만들기

자석 / 나무젓가락 / 접착테이프 / 끈 30센티미터

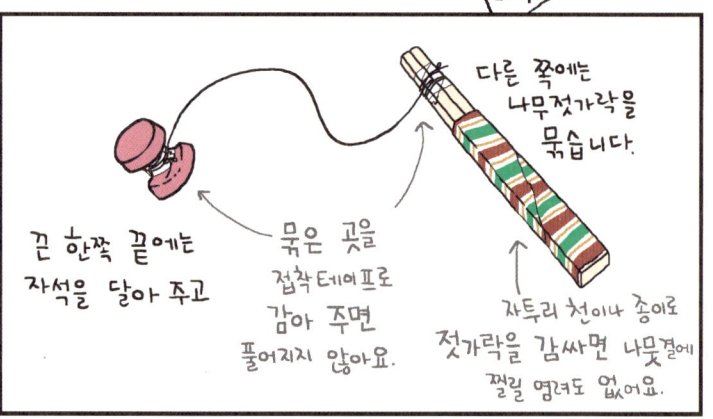

끈 한쪽 끝에는 자석을 달아 주고

묶은 곳을 접착테이프로 감아 주면 풀어지지 않아요.

다른 쪽에는 나무젓가락을 묶습니다.

자투리 천이나 종이로 젓가락을 감싸면 나뭇결에 찔릴 염려도 없어요.

물고기 만들기

고무 자석과 접착테이프 그리고 가벼운 것 아무거나

아무거나?

예를 들면 / 가벼운 종이 상자 / 안 쓰는 시디 / 택배 상자

고무 자석만 붙이면 즐거운 낚시놀이.♪

또 나왔다. 궁상부인!

고무 자석이 없으면?

 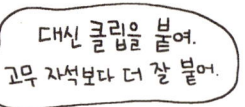

대신 클립을 붙여. 고무 자석보다 더 잘 붙어.

16

난 아이들과 함께 종이 상자에 색종이를 붙였더니 참 예뻐.

모자이크 작품

역시 수묘!

애가 너무 어려서 혼자 붙이니까 시간이 만만치 않네. ((

난 물고기 사진을 출력해서 안 쓰는 시디에 붙였어. 뒷면은 물고기 이름.

뱀장어

불가사리

과연 교구 여왕 답군.

우리집 프린터가 고장인데

나는 쉬우면서도 빨리 만들 수 있는 **편지 봉투 물고기로** 만들어야겠다.

나도 나도!

편지 봉투 앞뒤에 그림을 그려 줍니다.

아이에게 스티커를 붙이게 해도 좋아해요.

고무 자석이나 클립을 앞뒤로 붙이세요.

고무 자석을 너무 작게 붙이면 낚싯대에서 잘 떨어져요.

버릴 종이를 쭈욱 찢어서, 마구마구 구겨서,

편지 봉투 속으로 넣어 주면 입체감이 생겨 좋아요.

종이 끈으로 꽁지를 묶어 줍니다. (종이 끈 없으면 아무 끈이나.)

앗! 꼬리에 걸렸네.

종이 끈 대신 빵 봉지 묶는 철끈을 쓰면 클립 효과!

꽃게다.

많이 잡았네.

와 문어다.

붕어다.

도미다.

가오리 다.

033

나중에 낡으면 자석이랑 철끈만 빼고 버리시면 됩니다.

좋은 종이로 다시 태어나거라

안녕.

종이

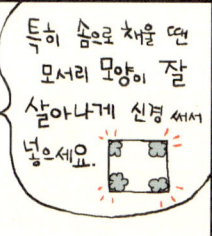

교구 여왕 이야기

안녕하세요,
얼렁 뚝딱 공작부인에 나오는
교구 여왕
이에요.

등장 동물 차별하지 맙시다!
출연 권리 보장하라!

작가를 조르고 졸라 이번에는 제가 주인공이랍니다.

저로 말하자면 예쁜 물건 좋아하고, 명품 부러워하고, 연예인 뒷얘기 재미있어 하는 보통(?) 사람이죠.

집 꾸미기를 좋아해서 마음이 동했다 하면 가구며 장식들을 이리저리 옮겨야 직성이 풀리는데, 남들이 좀 유난스럽다고 하네요.

유아 교육에도 관심이 많아, 방문학습 전단지나 백화점 문화센터 홍보지도 꼼꼼히 읽어 보고,

수업 가자.

아이가 하나였을 땐 아이랑 짝으로 옷을 맞춰 입고 여기저기 문화센터를 쫓아다니기 바빴죠.

아이가 자면 저 자신을 위해 헬스장도 열심히 다녔고요.

아, 아, 그런 나날이 언제였던가. 산뜻했던 그 시절이 정말 내 과거에 있었단 말인가.

사진첩

까르르르

시작

귀염둥이 막둥이.
솔직히 계획해서
생긴 아이는
아니었어요.

네 팔자에
아이 셋은
있으니
하나 더 낳거라

네에에에에에에?

이렇게 될 줄 모르고
갓난아기 물건을
모두 남 줘 버린
과거!

다시 만들자니
시간도 없고.
다시 사자니
아깝고.

무엇보다
몇 달 쓰고
말 건데……

하다못해
모빌 하나
없구나.

엄만,
만들면 되지.
뭐가 걱정이야?

걱정이야!

너,
펠트 바느질
우습게 보지 마.

누가 바느질
하랬나?

내가 만들어
드릴게요.

게오!

정말?

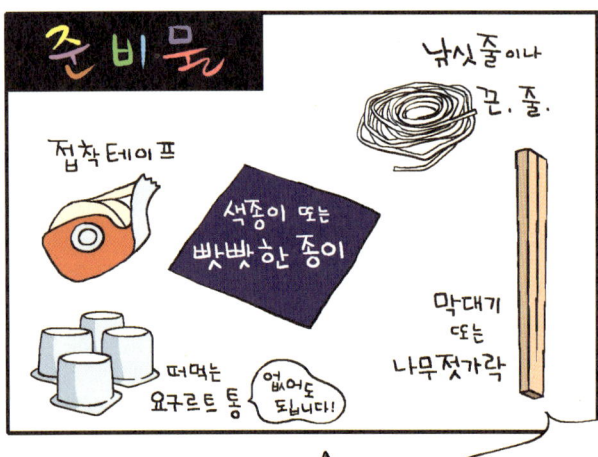

준비물

접착테이프

색종이 또는
빳빳한 종이

떠먹는
요구르트 통

없어도
됩니다!

낚싯 줄이나
끈, 줄.

막대기 또는
나무젓가락

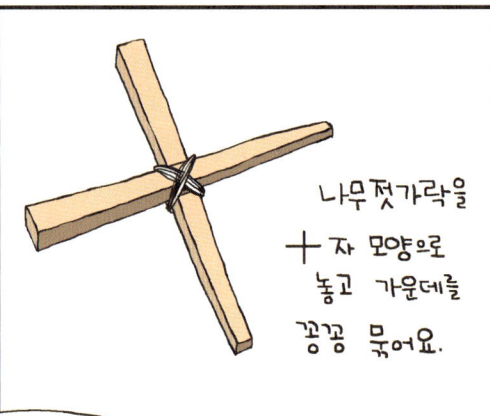

나무젓가락을
十 자 모양으로
놓고 가운데를
꽁꽁 묶어요.

요렇게 생긴
나뭇가지에
만들어도 멋져요.

22

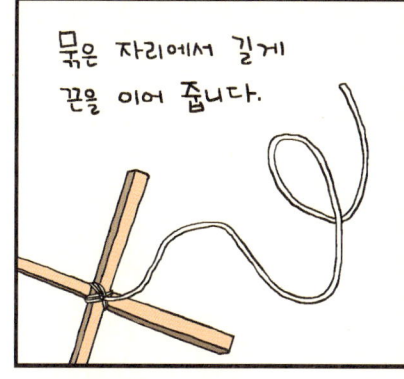

묶은 자리에서 길게 끈을 이어 줍니다.

엄마. 모빌에 뭘 그려 붙일까요?

아기들은 눈이 나빠서 단순한 모양이 좋대. 색도 검정, 하양! 아니면 빨강, 노랑, 파랑 같은 원색으로.

빳빳한 종이에 비슷한 크기로 도형을 그려 보아요.

요구르트 통이 있으면 붙여도 좋아요.

요렇게!

색종이를 접어서 달 수도 있어요.

색종이는 각각 무게가 똑같아서 크기를 따로 맞추지 않아도 되니까 편해요.

만든 것마다 줄을 붙인 뒤 모빌 대 끝에 달아요.

원하는 곳에 모빌 대를 붙입니다.

여기?

거기!

저기!

수평이 맞지 않아 한쪽으로 기우뚱 기우뚱 엉망일 거예요.

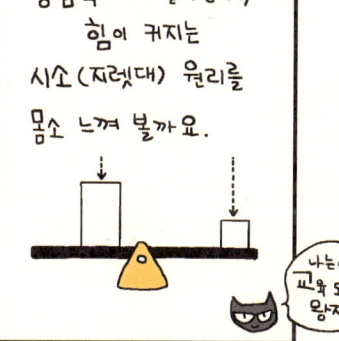

중심축에서 멀어질수록 힘이 커지는 시소(지렛대) 원리를 몸소 느껴 볼까요.

나는야 교육 도구 왕자.

집중

기우뚱하지 않도록 자리를 옮겨 봅니다.

시끄러워.

나도 나도!

요게 생각보다 재미있어요.

되었다...!

나두 나두?!

박수

모빌 있으니까 기저귀 갈 때 참 좋네.

어떠냐! 형님 솜씨가?

솜씨가!

교육만 왕자

히힛, 내 방에는 소녀시대 누나들 모빌 걸어야지.

우리 집엔 아기 없는데.

'모빌'이 뭐냐? 움직이는 조각이잖아. 아기 물건만 있는 게 아니라고.

그래. 꽃씨지. 하지만 보통 꽃씨랑 달라.

예로부터 몸치장 좋아하는 사람이랑 아주 친한 꽃씨거든.

봉숭아 꽃잎과 잎사귀는 손톱을 빨갛게 물들일 때 쓰는 것이고.

옛날엔 병을 쫓기 위해 남녀 아이들한테 물들여 줬다.

분꽃 씨앗에는 얼굴을 뽀얗게 만드는 분가루가 들어 있거든.

어디서나 잘 자라는 식물이니까 얼렁이가 잘 키워 볼 수 있겠지?

네.

그런 거였군 ……

5월에 심으면 언제 쓸 수 있어요?

봉숭아는 여름에, 분꽃 씨앗은 가을이면 받을 수 있어.

분꽃은 넓게 자라니까, 그냥 땅이나 넓은 화분이 좋아.

어른들이 바르는 매니큐어는 손톱 속에 있어야 할 물기를 날려 버리고 손톱이 숨을 쉴 수 없게 막아 버려서 어린이가 바르면 손톱 건강을 해치기 쉬워요.

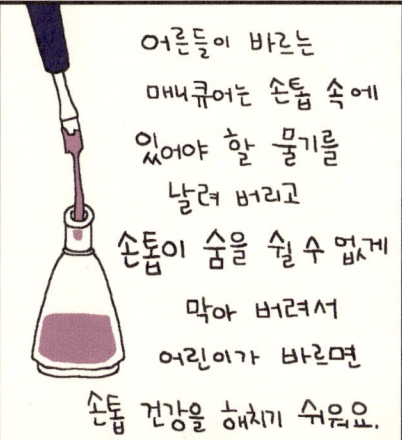

다이너마이트 재료인 '니트로 셀룰로오즈'. 매니큐어 재료이기도 하죠. 기형아 출산, 태아 사망을 일으킬 수 있는 '디부틸 프탈레이트' 성분이 든 매니큐어도 있고요.

펑

저기 말야, 봉숭아 물들이면 수술 마취가 안 된다는 소문이 있던데……

아, 그거!

마취를 할 때, 드물게 저산소증이 나타나는 사람이 있습니다. 저산소증을 알려 주는 소견 가운데 하나가 손발톱이 파래지는 모습 (청색증) 인데, 봉숭아 물을 들이면 그것을 볼 수 없죠.

헉

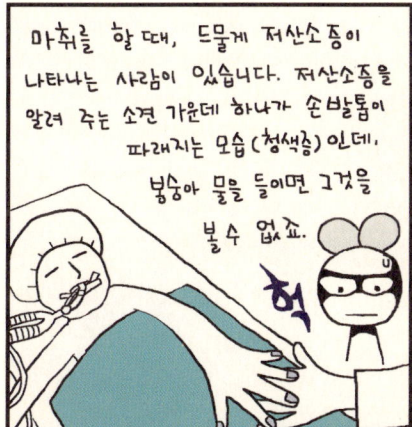

요즘엔 기계가 좋아져서 손톱 색깔로만 보는 시대도 아니라고.

정 걱정 되면, 발톱엔 안 들이면 되지.

끄응

걱정 마세요.

그냥 세 손가락만 물들이면 되잖아요.

호호호……

니가 정답이다.

끝

25

큰아들이 유치원에서 돌아오는 시간. 나는 떨고 있다.

시작

엄마 다 ... 다 ... 다 나왔나?

우 아 ... 안 왔나 ...

엄마! 이것 봐요.

오늘 유치원에서~

윽!

나두, 나두, 나두!

절대 안 돼!

억시 ...

내 거야. 내 거어!

이게 왜 니 거야!

우와 앙

뭔데 그래? 엄마 좀 보여 줘.

내 건데 자꾸 자기거 래요.

애들아. 걱정 마. 우리가 하나 더 만들자.

음. 만들 만 하겠어.

그리고 가장 중요한 **마음 비우기.**

안 그러면 요렇게 되기 십상.

이것도 못 하냐?

으씨! 으씨!

니들이랑 하는 내가 답답이다.

준비물

두꺼운 도화지 3~4장

가위

구멍뚫이 펀칭기라고도 해요.

레이디 경향

풀

안 보는 잡지

A4 크기

더 커도 됨.

딱!!

도화지 두 장을 반으로 자르고 글씨를 써요.

빨강 노랑 초록 파랑

A5 크기가 네 장 나오죠.

더 크게 만들어도 괜찮아요.

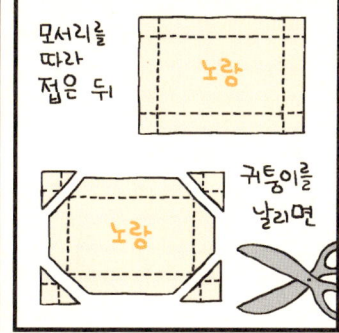

모서리를 따라 접은 뒤

노랑

귀퉁이를 날리면

노랑

접시가 완성.

노랑

쉽네.

엄마, 잘라 주세요.

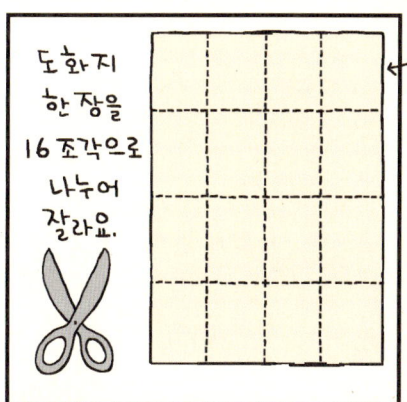

도화지 한 장을 16 조각으로 나누어 잘라요.

요기 조각에 들어갈 만한 크기로 빨강, 노랑, 초록, 파랑 색깔 그림이나 글자를 찾아 오립니다.

북 부부

오린 그림(또는 글자)을 16개 조각에 하나씩 붙여요.

구멍을 뻥 뚫으시라.

접어 주세요.

두꺼운 도화지로 낚싯대를 만들어요. 고리 쪽은 구멍에 걸 수 있게 좁아야 해요.

손대면 반칙!

휙 휙

히히힛

낚싯대로 걸어 색깔에 맞춰 접시에 올려놓으면서 놀아요.

빨강	빨강	빨강	다음 사람으로
노랑	노랑	노랑	방향 바꾸기
초록	초록	초록	노래 부르기
파랑	파랑	파랑	원하는 색깔로

나이가 많은 아이들은 여러 가지 규칙을 써서 놀면 더 재미있게 놀 수 있어요.

안녕?

잘 지냈니?

오랜만.

영...... 환영.

얼굴빛이 왜 그래? 어디 아파?

요 며칠 잠을 못 잤어.

아유, 신혼이냐? 밤에 잠 안 자고 뭐 해?

공부하신다!

도전

또 뭔가 발동 걸렸구먼. 뭔데?

바로 이거다.

으읍!

진짜?

큰애랑 둘째 때는 동네 뷔페에 차려진 돌상에서 돌 사진을 찍어 주었는데.

다음은 우리 차례.

다다음은 우리 차례.

다다다음은 우리 차례.

막둥이는 집에서 식구끼리만 모여서 소박하게 밥 한 끼 먹으려고 하거든.

그런데, 돌 사진 한 장은 찍어야 나중에 서운해하지 않을 것 같아서.

이것저것 찾아봤지. 출장 와서 돌상을 멋지게 차려 주는 업체.

택배로 돌잔치에 필요한 물건만 보내 주는 곳.

어? 회원 가입해야 가격을 알 수 있네?

멋진 곳은 비싸고,

싼 곳은 후지고,

싸고 좋은 곳은 예약이 꽉 찼고......

28

예쁜 건 많이 봐서 눈은 높아져 버렸고, 비싼 곳은 차마 못하겠고.

그럼, 물건 사서 손수 차리면 되겠다.

그게, 아깝잖아. 한 번 쓰고 말 건데.

누가 아냐? 또 생겨서 돌잔치 또 하게 될지.

너나 낳아. 그럼 내가 빌려 주마.

또 시작했어요. 그러게.

그래서 어떻게 할 셈이야?

내 맘 같아서는 으리으리한 전통 돌상이 당기는데……

전통 돌상이면 소박하게 차리는 게 맞아.

옛날엔 가난이나 병으로 아기가 첫 생일을 맞기가 쉽지 않았기에 돌잔치를 했지만, 호사를 부리면 액이 낀다고 조촐하게 했대.

대신 음식을 넉넉히 해서 나누어 먹었다지.

으…음…

내가 봐 둔 것 가운데 이건 어때?

우와! 멋지다.

아 눈 부셔

괜찮네. 비슷하게 차려 볼 순 있겠다.

먼저, 둥근 상이 필요해.

베란다에 있는 탁자 유리가 큰데, 그 위에 올리면 어떨까?

우리 집은 네모난 상만 있는데 어쩌지?

우리 집에는 12각 찻상만 있는데. 넘 작지?

돌상은 모나지 않은 둥근 상이나 12각 두리반 위에 차렸대요.

작은 찻상은 돌잡이할 때 쓰면 되겠다.

붉은색 상이나, 상보를 씌웁니다. 붉은색이 액을 막아 준다고 믿었기 때문이래요.

요건 걱정 없지.

함을 쌌던 청홍 보자기가 집에 있거든. 이거 쓰면 되겠지?

없으면 만들면 돼.

만들기도 쉬워.

빨강 천으로 덮기만 해도 괜찮고.

떡은 수수팥떡, 백설기, 오색(삼색) 송편. 홀수로 세 가지는 해야 해. 손수 찔 거야?

세 가지만 떡집에서 맞출 거예요.

아니면 다섯 가지. 인절미, 무지개떡 더하기.

수수팥떡

수수와 팥고물을 거칠게 내려 만들어요. 잘 상하는 떡이니 가장 적은 양으로 맞추시고, 돌잔치에 모인 손님들과 나누어 먹어요. 사는 곳에 따라 열 살 생일 때까지 만들어 주기도 해요.

백설기

깨끗하고 순수함을 뜻하는 떡이므로 콩이나 고물 따위로 장식하지 않습니다. 넉넉히 해서 모인 손님들께 선물로 돌리기도 합니다.

마음이 꽉 찬 사람이 되라고 속이 찬 송편을,

마음이 넓은 사람이 되라고 속이 빈 송편을 만들기도 했대요.

송편

속 없는 송편 어쩌구

무슨 소리여?

그럼 딱 한 개만……

안 해 주는 떡집도 많아요.

30

미나리

싱싱한 미나리를 자르지 않은 채로
청실홍실로 묶어 올립니다.
금슬 좋은 삶을 바라는 마음입니다.

국수

국수처럼 길게 오래 살라는 뜻으로
하얀 국수를 삶아 올립니다.

대추

자손이 번창하라는 뜻으로
붉은 대추를 소담스럽게 담아 주세요.

꼭 이렇게
생긴 그릇에
담는 건가요?

아니야.

이렇게
높이 쌓으면
어떨까?

땡♪
그런 건 어르신들
상에 올리는 법이라.

과일

제철 과일을 올립니다.
특히 포도와 석류는 다산을 뜻합니다.
돌상도 제사상처럼 홀수로 올리는데
옛날엔 홀수를 길한 수라고 여겼기
때문이래요.

답을 찾아봐도
모르겠네……

살구 참다래 복숭아

가만, 제사상엔
털 있는 과일 안 올리잖아.
돌상에도 안 올리나?

제사상엔 과일
꼭지가 내려가게
놓잖아. 돌상도
그런가?

엄마.
알아요?

남 제사에
감 놔라
대추 놔라
말랬는데,
돌상 가지고 뭘.
맘대로 혀.

31

돌잡이

판사 봉이나 청진기, 마우스 같은 거 올리잖아?

난 별로.

오방색지
조화롭고 화려하게 산다는 뜻이래요.

파랑 / 하양 / 빨강 / 까망 / 노랑
좌청룡 우백호 남주작 북현무 중앙황
다섯 방향을 나타내는 색종이를 말아 놓아요.

쌀
아기가 쌀을 집으면 먹을 복이 많다는 뜻.

돌잡이할 때 배고픈 아기들이 쌀을 많이 집더라.

새로 산 돌 밥그릇에 하얀 쌀을 담아 둡니다.

이유식 안녕, 저 밥그릇은 내 거야.

실타래
건강하고 오래 산다는 뜻이지요.

왜요?

두 개 더 사.

할머가 아기 목에 명주실을 걸어 주며 아기가 병 없이 오래 살기를 기원해 주는 차례가 있거든.

한쪽 할머니만 하면 서운하잖아.

그렇죠.

돈
재물 복이 많을 거라는 뜻이죠.

그럼 할아버지들 심심하시겠다, 돈 올려 달라고 할까 봐요.

돌잡이 상에 천자문 책을 올리기도 하는데, 그걸 할아버지가 하나하나 써서 만들어 주는 거였대.

아버님, 돌 전까지 천자문 써 주세요. 하면?

붓. 벼루. 천자문 책.
공부를 잘할 거라는 뜻.

왕 부담이지. 옛날엔 인쇄술이 없어 손으로 쓸 수밖에 없었던 것일걸.

이젠 우리글이 있는데, 천자문 보단 국어사전을 올리자.

국어 사전

시작

진짜 꽃만큼 예쁜

흔히 **상화** 라고 합니다.

교구 이모네 막둥이 돌잔치 때 상화 만들어서 선물하자.

상화가 뭔데?

상을 예쁘게 꾸미려고 만든 꽃을 **상화**라고 해.

옛 사람들은 꽃향기가 상에 있는 음식 냄새와 맛을 해칠까 봐 진짜 꽃을 상 위에 올리지 않았대. 그 대신,

종이꽃

오징어 꽃

궁궐에서는 나무를 깎거나 비단으로 만들기도 했대.

그밖에 열매나 떡으로도 꽃 모양을 내 상을 꾸몄지.

특히 돌잔치는 살아 있는 것을 기뻐하는 잔치라 진짜 꽃을 꺾어 꾸미지 않았대.

왜 살아 있는 것을 기뻐해?

옛날엔 의학과 과학이 발달하지 않아서 병에 걸려 죽는 사람이 많았거든.

그래서 우린 뭘로 만들 거야?

맘이들 하는 떡으로?

살짝 개성 있게 종이로?

화려한 색깔. 오래오래 두고 보게 크레이? 점토? 지점토?

종이나 점토는 나중에 해 볼 일이 있을 거야.

떡으로 결정!

꽃 철사

철사에 초록색 종이를 감아 놓은 것.

문방구

있지요.

꽃 철사 있나요?

무지개떡 이나 백설기

어느 것으로 할까요?♪ 알아 맞혀 보십시오♬ 딩동댕♪ 둘 다♪

따로 물들이지 않아도 돼서 편하다.

색을 입히는 재미가 있다.

색소

물감

편하고 색이 화려해요.

식재료

물감이 아닌 것으로 물들이는 재미가 있어요.

코코아

카레

쑥가루 솔잎가루

비트

보라색 양배추

밀대

맥주병이나 와인병도 좋아요.

이쑤시개

꽃대 꽂이

둥근 그릇

오아시스 (꽃집에서 구할 수 있음.)

잘라 낸 무 또는

덕 (아깝다.)

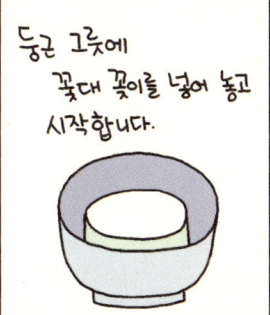

둥근 그릇에 꽃대 꽂이를 넣어 놓고 시작합니다.

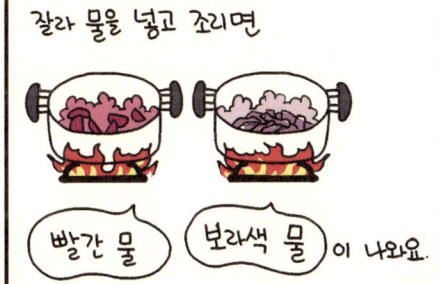

비트나 보라색 양배추는 잘게 잘라 물을 넣고 조리면

빨간 물

보라색 물 이 나와요.

백설기를 색 수만큼 나누고 색소와 섞어 반죽합니다.

집중하면 혀 내미는 얼렁이.

밝은색부터 시작하세요.

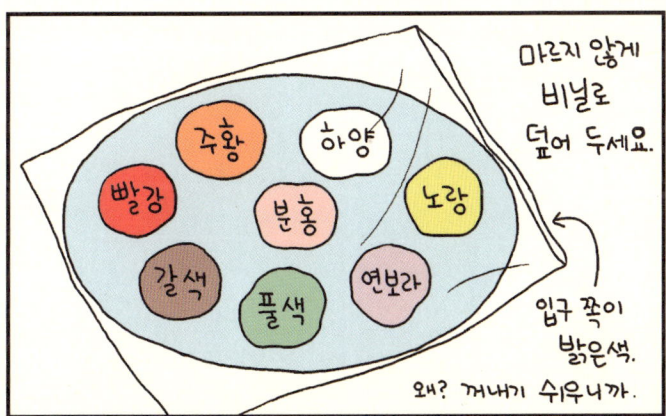

마르지 않게 비닐로 덮어 두세요.

주황 하양 빨강 분홍 노랑 갈색 풀색 연보라

입구 쪽이 밝은색.

왜? 꺼내기 쉬우니까.

색 하나를 골라 조금 떼어 낸 뒤 동글동글 하게 빚어요.

남은 건 다시 비닐 속으로 쏙!

동그란 색 반죽 알을
비닐 사이에 넣고

밀대로
밀어요.

비닐을 안 씌우면
반죽이 밀대에 들러붙기 쉬워요.

동그란 뚜껑
같은 거로 꼭꼭
눌러 주세요.

전 눈썹 연필 뚜껑을 썼어요.

곧잘 구멍 틈
속으로 들어가
버려요.

이쑤시개
출동!

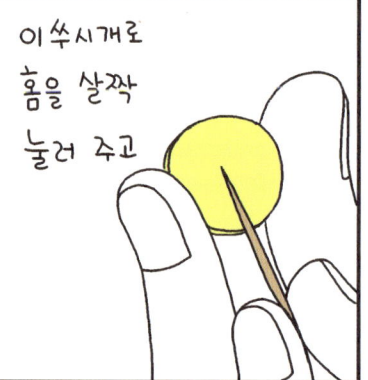

이쑤시개로
홈을 살짝
눌러 주고

손끝으로 동그라미 아래쪽을
눌러 모아 주세요.

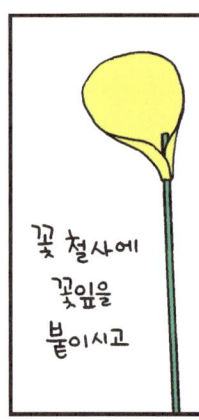

꽃 철사에
꽃잎을
붙이시고

세 장이나
네 장을
더 붙이세요.

꽃잎 색과
어울리는
다른 색 반죽을

동그랗게
빚어
철사 끝에
붙여요.

가운데부터
꽂기 시작해서

바깥쪽으로
꽂으세요.

장미 모양으로도
만들어 볼까요?

반죽을 떼 내
타원 모양으로 빚어요.

납작하게
눌러 주세요.

꾸욱.

꽃 철사에
빙그르르
말아 주세요.

꽃잎을 붙인 뒤
벌려 줍니다.

우앙

난 엄마처럼
예쁘게 안 돼.

엄마처럼?

얼렁이는 얼렁이가
할 줄 아는 걸
하면 되지.

?

하트 ♥

동그라미

세모 ▲

네모 □

이런 거 만들 줄
알지?

♡!

완성

퇴근하고 같이 만듦.

죽기 전에
기념사진 한 방.

쌀
뿌려 줌.

내일 돌잔치지?
돌상 꽃
배달이요.

어머!
어서 와.

여기 하트랑 동그라미랑
네모랑 세모랑 눈사람
얼렁이가 만들었니?
정말 귀엽고 예쁘다.

나비랑 애벌레랑
잠자리는 아빠가
했어요.

딩
동

내일이지? 준비는 얼추 됐니?
이건 내 깜짝 선물 ♥

멋지다!

다들
정말 고마워요.

덕분에 집에서 차린 돌상이
정말 예뻐졌어요.

큰 애들 부산 떨어도
맘 편하고.

세월아 네월아
천천히 즐기니
정말 좋네요.

갑자기 만든
수박 상.

붉은
천

책

두꺼운
종이 상자를
동그랗게 자름.

끝

줄넘기 만들기

얼렁이 소리?

우아 앙

줄넘기 부서졌어!

앗! 어쩌다?

빙글빙글 돌렸는데,
돌에 맞았는데,
내가 모르고
밟았는데,
주절주절.

조심해야지.

애들이 놀다
밟을 수도 있지.
그렇다고 이렇게
금방 부서지면
어떡해?
유리 그릇도 아니고.

사은품으로
받은 건데,

오늘 하루 쓰고
못 쓰게 됐네.
플라스틱 통에
넣어야겠다.

플라스틱류

버리게?

아직 쓸 만
한데?

고쳐
쓰지?

준비물

다 쓴 딱풀통

비닐봉지

되도록 세 가지를 다른 색으로!

꼭 세 가지 색을 준비해야 해?

아니. 있는 거로만 해도 돼.

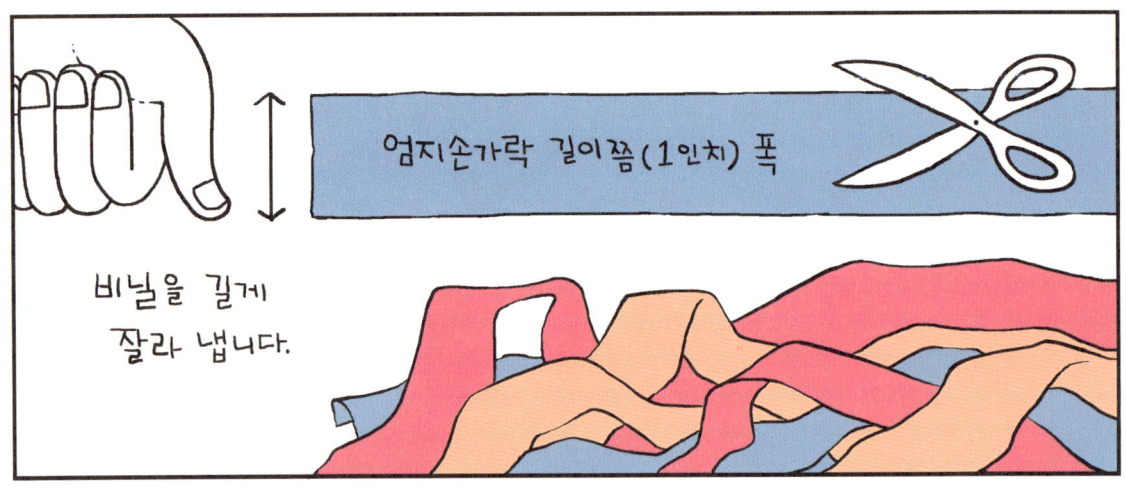

엄지손가락 길이쯤(1인치) 폭

비닐을 길게 잘라 냅니다.

세 장을 똑바로 잘 모아 둡니다.

세 갈래로 땋아 줍니다.

끝까지 다 땋으면,

다른 비닐을 이어 묶어 줍니다.

그리고 다시 땋습니다.

40

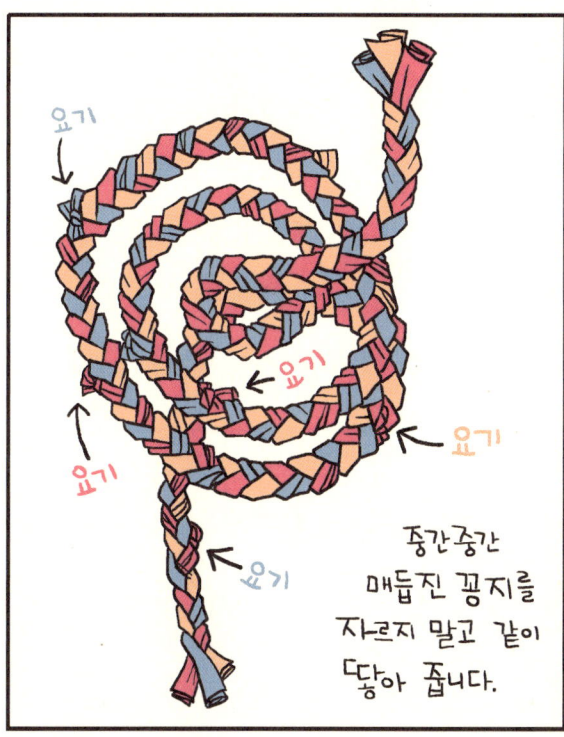

요기

요기

요기

요기

요기

요기

중간중간
매듭진 꽁지를
자르지 말고 같이
땋아 줍니다.

줄넘기 할
사람이 줄을
잡아 자기 몸에
맞는지 길이를
대어 봅니다.

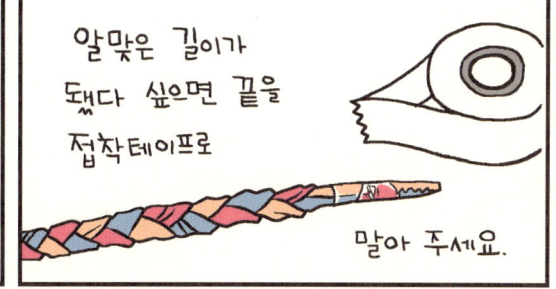

알맞은 길이가
됐다 싶으면 끝을
접착테이프로

말아 주세요.

다 쓴 딱풀 뚜껑을
열고,

안에
들어 있던
딱풀 받침을
빼냅니다.

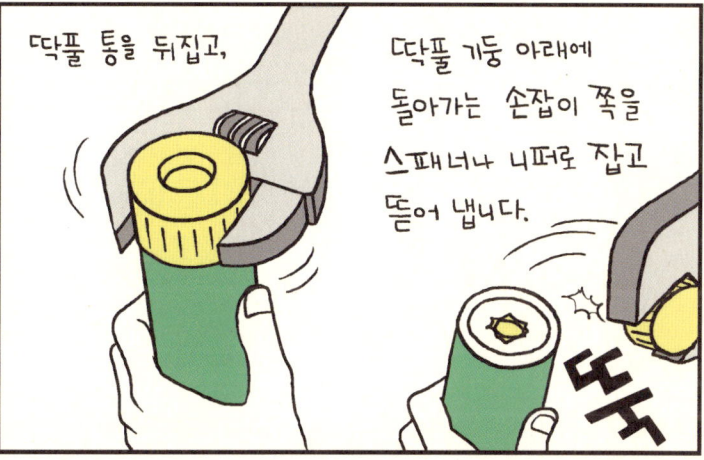

딱풀 통을 뒤집고,

딱풀 기둥 아래에
돌아가는 손잡이 쪽을
스패너나 니퍼로 잡고
뜯어 냅니다.

뚝

기둥 안에
박혀 있던
나사를 뺍니다.

나머지도
똑같이 빼 주세요.

흠... 힘들다.

41

줄을 구멍 속에 넣고,

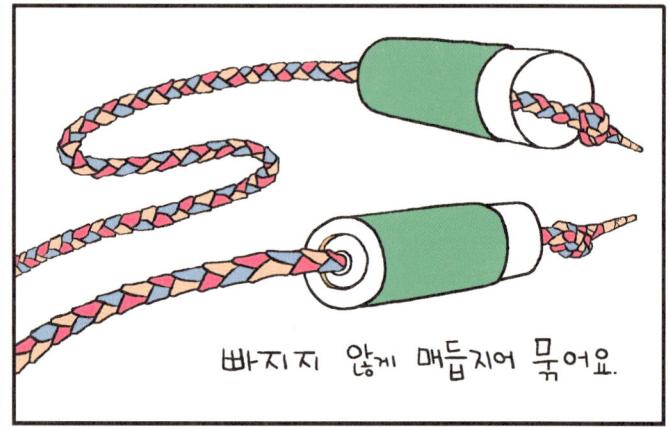

빠지지 않게 매듭지어 묶어요.

딱풀 뚜껑을   닫아 주면

줄넘기 완성.

으으으, 도저히 도저히 도저히 안 빠진다!

딱풀 돌리는 거 빼기 힘들지.

차라리 송곳을 달궈서 딱풀 뚜껑에 구멍을 뚫자.

아래쪽으로 안 뚫어?

거기가 더 뚫기 어려워.

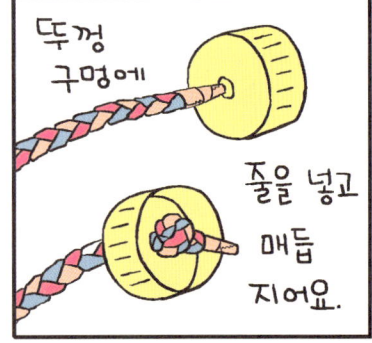

뚜껑 구멍에 줄을 넣고 매듭 지어요.

딱풀 통이랑 다시 합치면 완성.

혹시 돌리다 뿅♪ 뿅 빠지는 거 아닐까?

뿅

그게 걱정되면 접착테이프로 한 번 감아 줘.

해결♡

앞으로 딱풀 다 쓰면 잘 모아 놔야겠다. 비닐봉지야 흔하지만.

어머니! 딱풀 대신 이거 어때요?

그게 뭔데?

다 쓴 천식약이에요. 기관지 호흡기.

기관지 확장약을 빼니 통이 남네.

어디 줘 봐. 끈이 들어가나……

어! 이것도 된다!

봐요!

쓸 만 하잖아요!

자! 아이랑 함께 만들어 보세요.

쉽고, 쓸 만해요.

끈

시작

고무줄놀이
히히.

엄마, 엄마.
이거 뭐 하는
거예요?

개똥이네 집

뭐가?

개똥이네 놀이터

이거요.

뭐긴 뭐야?
고무줄놀이 하고
있잖아.

흐흠...

응? 얼렁이
고무줄놀이
몰라?

알아!

방금
배웠잖아.

가만,

생각해
보니
......

얼렁이는 고무줄놀이를
실제로

본 적도

해 본 적도

없다.

으음.
선배 여성으로서
죄지었도다.

44

생각난 김에 바로 행동!

어디가?

문방구 ㅇㅇ

고무줄 사러!

고무줄놀이란?

까맣고 긴, 고무로 만든 줄을 발로 뛰거나 꼬거나 넘으면서 노는 놀이야.

한 줄로 잡기도 하고,

두 겹으로 놓기도 하고,

세모로 만들어서 놀기도 하지.

나는야 고무줄 끊는 훼방꾼이었지.

공작 부인이 어렸을 때 우리 동네에서는 이런 규칙들이 있었지.

술래는 발목을 딱 붙이고 움직이지 않기.

다리를 벌리면

실력이 좋은 아이들은

뛰는 아이가 고무줄에 발이 닿지 않아야 함.

요렇게 발 하나만 끼우고도

단, 폭이 좁아 줄에 닿는 것은 괜찮음.

고무줄을 밟지 않는다.

고무줄놀이는 딱히 정해진 규칙이란 건 없어. 동네마다 다르고, 놀 때마다 아이들이 정하기 나름이니까.

자, 오늘은 제 기억 속 두 줄 고무줄을 꺼내 볼게요.

여러분도 기억을 더듬어 보세요.

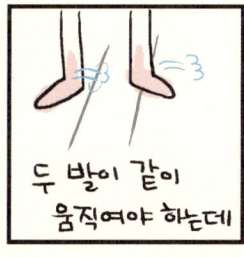

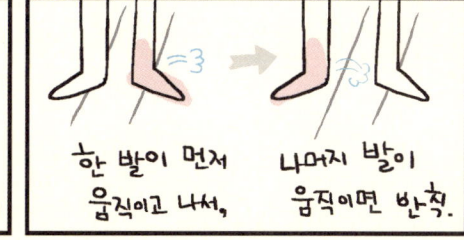

두발 밟기도

한 발 밟기와 비슷해요.

고무줄 바깥쪽에 두 발을 벌려 섰다가,

두 밟 두발 기

발 기 밟

깡총 뛰면서 고무줄 두 줄을 밟습니다.

와 봄내들이! 내가 아는 노래다.

여기서부터는 노래에 맞춰 뛰는 거예요.

나

오른발로 왼쪽 줄 하나를 걸고

리

나머지 발도 따라 넣어요.

나

오른발부터 바깥으로 나오고,

리

나머지 발도 나와요.

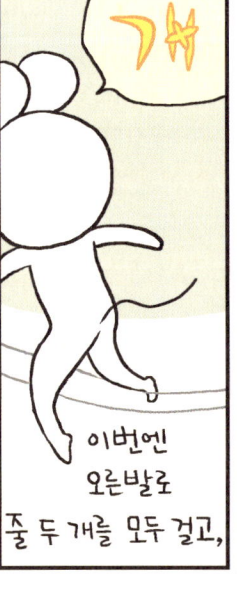

개

이번엔 오른발로 줄 두 개를 모두 걸고,

나

왼발도 따라 들어 갑니다.

다시 오른발이 먼저 나오고,

리

지

나머지 왼발도 따라 나옵니다.

이걸 표로 그려 보면 요렇게! 노래에 맞춰 발동작은 반복하기 예요.

49

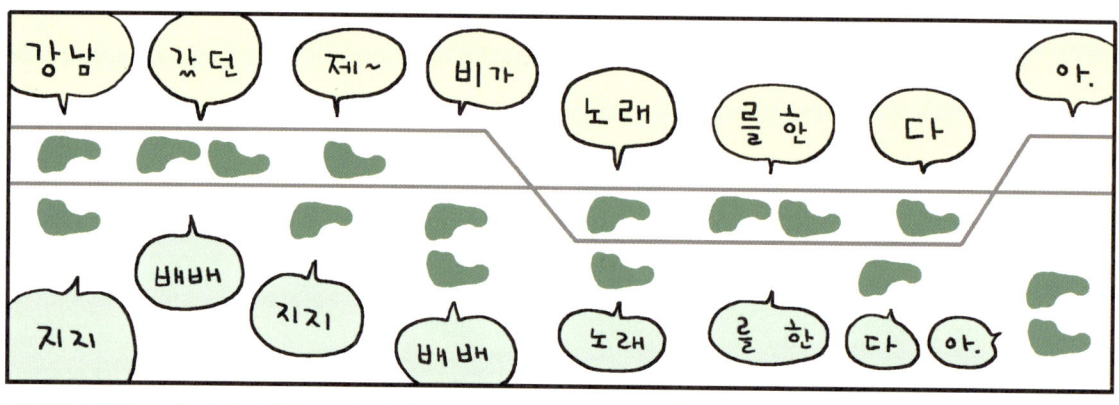

간질 간질 간질
♪ 발가락이 간지러워
병원에 갔더니 무좀이래요.
어머 어머 어머 나는 어떡해♪

이렇게 노랫말을 바꿔 불렀지.

나두 이게 더 좋으.

간질 간질 끝났으면 고무줄을 무릎으로 올리고,

다시 월! 화!

그럼 셋만 모이면 고무줄놀이 할 수 있겠다.

아냐! 둘이 해도 돼!

나무나 전봇대 같은 데 고무줄을 걸면 돼.

그럼, 넷이서는?

네 명이면 편 나눠서 하면 되지.

가위 바위 보를 해서 차례를 정해.

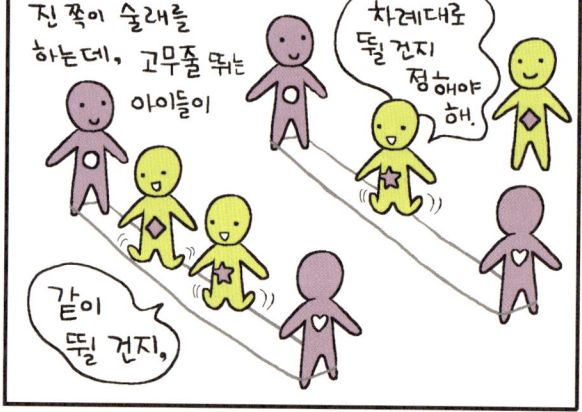

진 쪽이 술래를 하는데, 고무줄 뛰는 아이들이

차례대로 뛸 건지 정해야 해.

같이 뛸 건지,

50

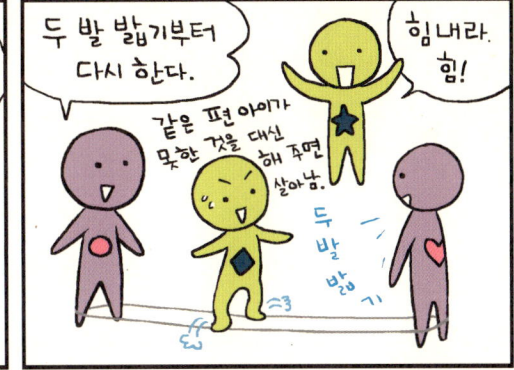

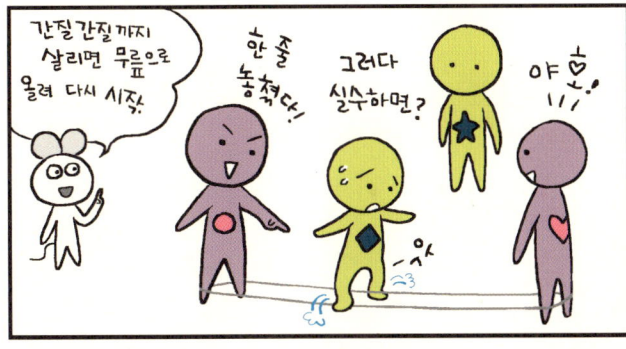

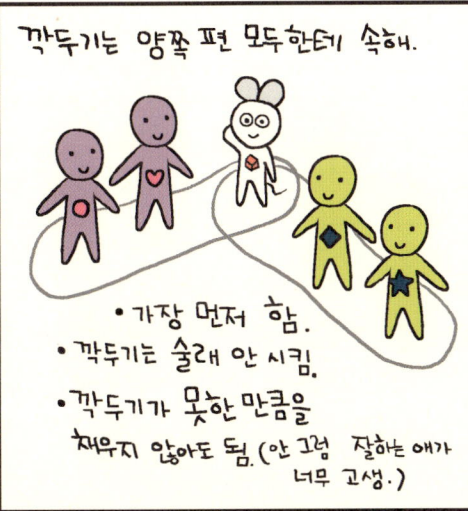

구당탕 얼렁이 왔구나♡ 어서 와. 어서 와.

쿠당탕

안녕하세요.

입추 지났는데 여태 덥네.

어쩜 요렇게 참할까?

여름 물놀이 다녀 왔구나? 얼굴이 초콜릿 색깔이네?

바닷가에서 물은 못 보고 사람 구경만 했다.

참, 참, 참, 오늘은 다 같이

파도소리

국 만들자.

오션 드럼이라고 하는 건데 이리저리 흔들면 파도 소리 비슷한 소리가 나.

뭐야? 저거?

쏴 와

준비물

접착테이프

콩알이나 팝알. 구슬.

미술 재료들

투명지

OHP 필름지나 트레팔지.

(안 깨지는) 접시

종이나 플라스틱 일회용 접시가 만만해요.

아이들에게 접시를 나눠 주고, 꾸미게 합니다.

웬 일회용 접시가 이렇게 많아?

시댁 모임으로 물놀이 다녀왔는데, 누가 이런 걸 잔뜩 사왔더라고. 많이 남았길래 내가 좀 들고 왔어.

엄마아 다 했어요.

어, 그래.

인어공주를 그린 얼렁이

스티커 붙이기 좋아하는 둘째

색종이를 찢어 붙인 큰아들

낙서 수줌인 아기 막둥이

접시 모양 따라서 투명지를 오립니다.

앗! 투명지가 접시보다 많이 작아.

두 장을 붙여서 쓰면 되잖아.

접시 위에 투명지를 올리고

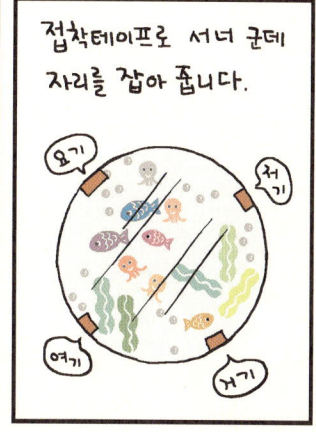

접착테이프로 서너 군데 자리를 잡아 줍니다.

요기
저기
여기
거기

콩알 들어갈 자리를 남겨 두고 빙 둘려 막아 줍니다.

콩을 한 줌 넣어 줍니다.

구멍을 막아 주면 끝♡

와, 파도 소리다.

촤
촥
촥
촤
촤

액자 같네.
......

탕탕탕

헤, 그럴싸 하네. 어디서 본 거야?

큰애 키울 때 여기저기 발품 판 덕분이지, 뭐.

끝

53

나는 지난해에 만들었지.

엄마!

잠 채 리 채 만들어 줘!

내 거!

음, 벌레 계절이 돌아왔군!

재료 구해 와.

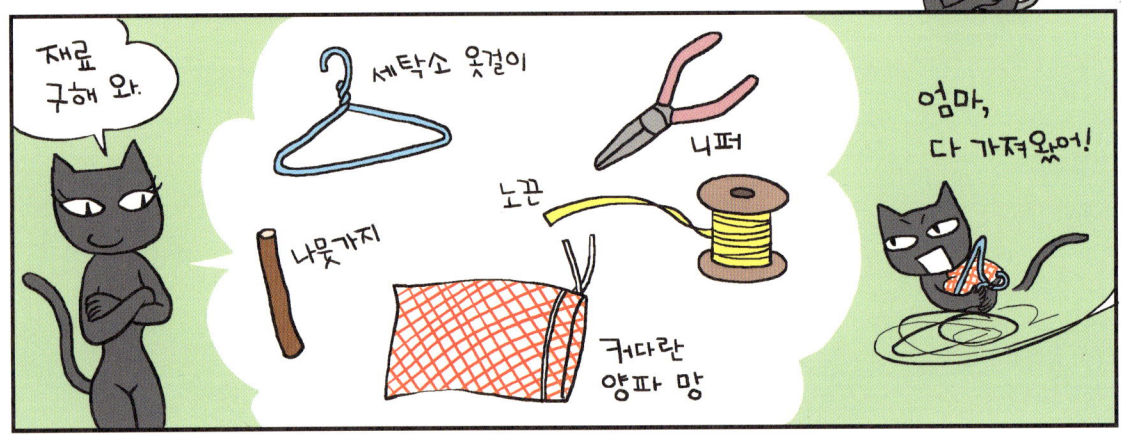

세탁소 옷걸이

니퍼

노끈

나뭇가지

커다란 양파 망

엄마, 다 가져왔어!

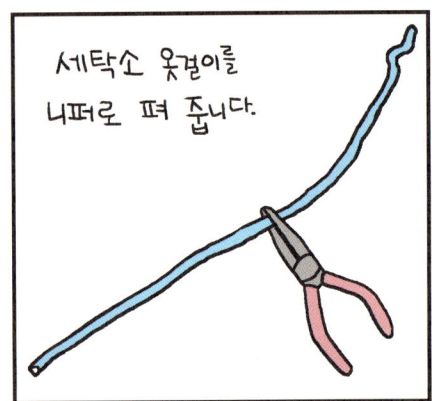

세탁소 옷걸이를 니퍼로 펴 줍니다.

동그랗게 구부려요.

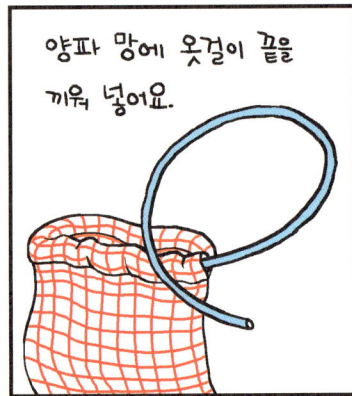

양파 망에 옷걸이 끝을 끼워 넣어요.

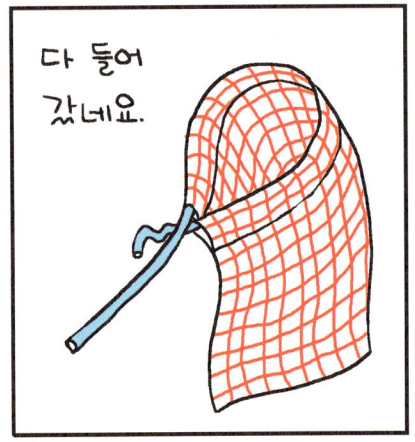

다 들어 갔네요.

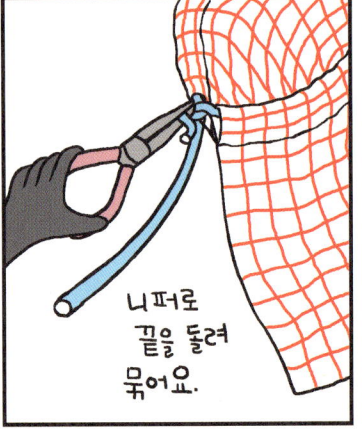

니퍼로 끝을 돌려 묶어요.

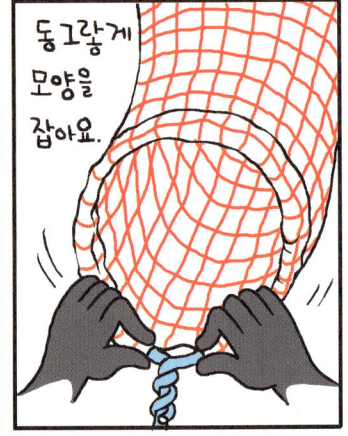

동그랗게 모양을 잡아요.

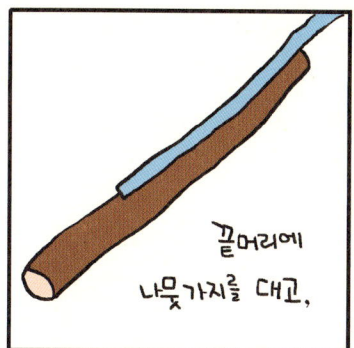

끝머리에 나뭇가지를 대고,

노끈으로 빙빙 돌려 주면 완성!

내 것도 생겼다.

잠자리채 만들었으니까, 채집통도 만들까?

와!

정말?

덩달아 와!

대신 집에 올 때는 다시 놔주기!

알았어

알써?

페트병을 잘라 내요.

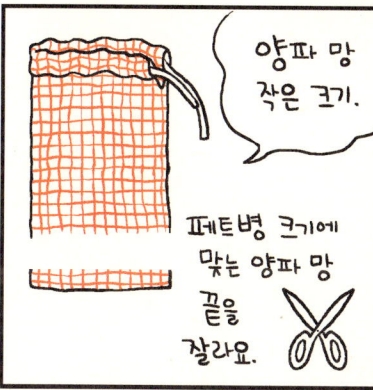

양파 망 작은 크기.

페트병 크기에 맞는 양파 망 끝을 잘라요.

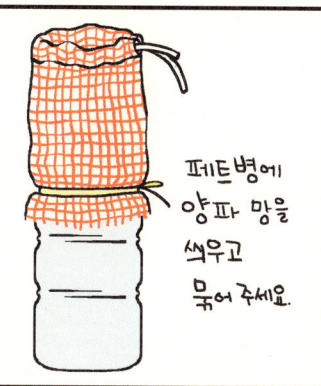

페트병에 양파 망을 씌우고 묶어 주세요.

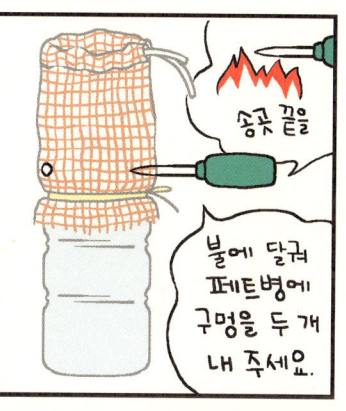

송곳 끝을

불에 달궈 페트병에 구멍을 두 개 내 주세요.

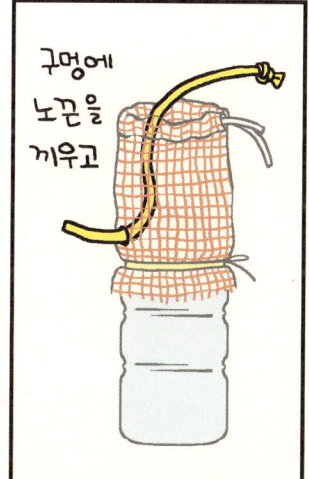

구멍에 노끈을 끼우고

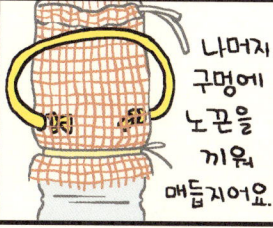

나머지 구멍에 노끈을 끼워 매듭지어요.

요렇게 들고 다니면 됩니다.

자, 들어가라.

끝

응?

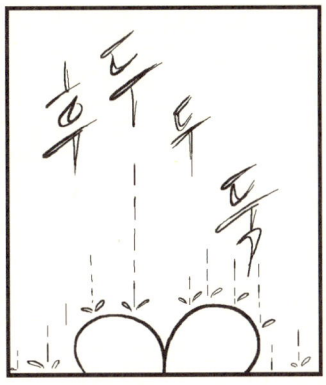

공작! 어서 짐 들여놔!

아! 어! 응!

야영 첫 경험인데, 비가 오다니 너무해.

어머, '빗속 야영'은 아주 흔한 일이라고. 신경 쓰지 말고 즐기자.

금세 그칠 비 같은데?

엄마, 과일 카드 가져왔어요?

어제 형아가 챙기던걸?

얼렁이도 같이 하게 이리 와.

성아.

큰 성아.

웬 우유갑이야?

우유갑 같지?

뒤집으면 과일 그림이 있다고.

할리 갈리 게임이랑 똑같아. 할 줄 알아?

...아니...

배우면 되지, 뭐.

카드를 모두
똑같은 장수로
나눠 가져요.

만약 카드가
남으면?

치우든가
아님,
바닥에 깔아요.

형아, 어떤
사람들은 한곳에
쌓아 놓고 돌아가면서
카드를 넘기더라.

놀이 방법이야
정하기 나름
이니까.

?

먼저 할 사람을
정하고, 그 사람이
자기 카드를
재빨리
뒤집어.

왼쪽에 앉은
사람이 다음
차례야.
뒤집어.

그다음은
내 차례?
맞지?

펼친
카드 그림
가운데,

배
두개

배 세 개

$2 + 3 = 5$
합이 5가 되는
과일이
나오면

빨리
종을 칩니다.

깜짝

따닥

펼쳐 있던
카드들은
모두 내 거.

잘 모아
아래쪽에
넣어요.

아쉽다.
내가 칠
수 있었는데.

기두,
기두.

ㅇㅇㅇ 그런 거로군.

실수로
합이 5가
아닌데
종을 치면
어떻게
될까?

+ = ~~6~~

앗! 실수.

글?쎄

내 카드를 한 장씩 나눠 줘야 해.

아, ♡아!

캐스터네츠

근데, 왜 짝짝이를 종이라고 해?

파는 건 종이 들어 있거든. 우리 손수 만든 거라 대신 짝짝이를 치는 거야.

종만 살 수 있는데 엄마가 안 사 줘.

나중에 실력이 붙으면 이런 카드도 섞어서 놀 거야.

과일 그림이 섞인 카드는 수 합할 때 헷갈리라고 만든 거지요.

카드가 나오면 종 친 사람이

깔려 있던 카드를 가져갑니다.

카드가 나왔는데 종을 치면 자기 카드를 한 장씩 나눠 줍니다.

짝 카드인 줄 알았는데……

앗!

딱☆

아무도 안 치면?

바닥에 깔고 놀이 계속.

설명 끝!

해 볼래.

자, 패를 똑같이 나누고.

막둥이도 할 줄 알아?

그냥 깍두기처럼 끼워 주는 거야. 그래야 얌전해지거든.

얼렁이 제법 잘한다.

맏이가 위낙 설명을 잘했어.

나도 우유갑 모아야겠다.

그냥 두꺼운 도화지나 달력 종이 써. 우유갑엔 그림이 바로 안 그려져서, 따로 그려서 붙이느라 혼났다고.

추석 때 설거지 끝내고 보니 짜증이 확!

몇 시간째 텔레비전만 보는 애기들.

용돈 받자마자 나가 버리는 큰 녀석들.

친지들과 돈독한 정을 나누기 위한 명절? 좋아하시네!

명절 증후군 발끈!

남자 몇 X을 위해 여자들을 부려 먹고, 애들을 방치하는 거잖아!

애들이랑 뭐 할 만한 게 없나?

어머니, 우유갑 써도 되나요?

맘껏 써.

여기서 잠깐! 왜 네 시어머니께선 우유갑을 모아?

일회용 도마로 만들어들 재활용하잖아.

도마로도 쓰고, 1리터짜리 35장 동사무소에 가져가서 휴지로 바꿔 온다우.

(지역에 따라 다름.)

우유갑을 쫙 펴서

두꺼운 쪽이 있어서 사용 안 함.

모서리 따라 자르세요.

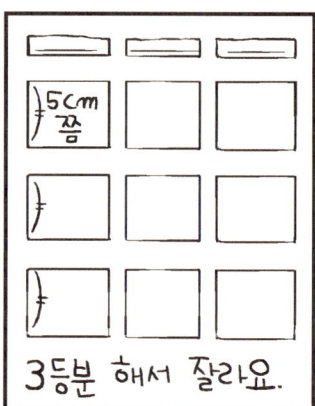

5cm쯤

3등분 해서 잘라요.

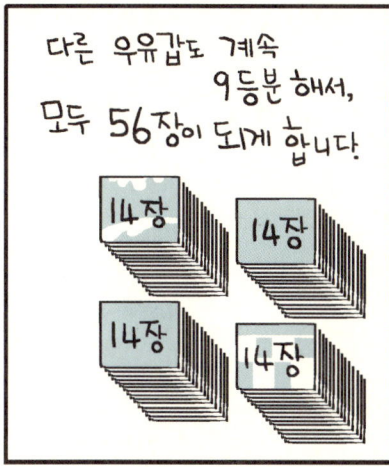

다른 우유갑도 계속 9등분 해서, 모두 56장이 되게 합니다!

14장
14장
14장
14장

바로 그려지는 필기구가 있으면 카드에 그리면 좋고요.

나두 나두!

칠하고
자르고
풀칠.

없으면 다른 좋이에 그려서 잘라서 붙여야 함. 윽!

호호호. 재밌다.

엄마표 교구 첫째 계명.

만드는 데 진 빼지 말 것!

알았어!

그럼, 편하게 출력하면 되겠다.

그건 아이들 교육 효과가 너무 없잖아.

내 기억엔 교구는 애들 없이 혼자 만든다고 한 것 같은데.

그랬지...

나 혼자 만든 것들은 소중히 여기질 않더라고.

한대 그림 x5장

모두 14장

자기 놀잇감은 자기 스스로!

다섯대 그림 x1장

두대 그림 x3장

세대 그림 x3장

네 대 그림 x2장

과일이 아니더라도, 아이들이 좋아하는 네 가지를 그리면 완성.

근데, 왠지 명절 화투판이 생각나는 건......

얼렁이가 손 전화기나 컴퓨터 게임에 빠져들면 생각이 바뀔 거야.

끝

61

시작

가족이 모이는 명절.
누나!!

얼렁이 왔나?
네...

홍일점 얼렁이는 인기도 좋아, 볕이가 쓸쓸하다.
까까 사 먹어. 10000
동화책 사 보렴.
갖고 싶은 거 봤태써. 5000
엄마한테 지금해 주세요. 그래. 10000

후 누우...
삐~
이봐! 그거 얼렁이 돈이야.

이봐! 그거 얼렁이 돈이야.
어머, 봤수?
슬쩍할 생각 말라고!

그리하여......
얼렁이 이름으로 만들어. 은행통장.
알았다고.

딸아이 이름으로 통장 만들려고요.
보호자시죠? 보호자 신분증, 등본, 도장 주세요.
두리 은행
은행

......
도, 도장이요?
요즘에 누가 은행에서 도장 쓰나?
네, 어린 아이들은 사인을 하기 어려우니까요.

음...... 도장이라.
혹시 떼먹을 궁리하는 건......?

사실은 말이지...... 얼렁이 탯줄 도장 만들려고, 지금껏 탯줄을 보관하고 있었거든.
오호, 그럼 이참에 만들어 버려.

그게, 알아보니까 넘 비싸고, 어디가 좋은 업체인지도 모르겠고......
그럼. 막도장 하나 파서 쓴든가.

나중에 탯줄 도장 만들 건데 그럼 도장이 두 개나 되잖어. 우리 동네엔 도장 파는 곳도 없고.
으이구, 어쩌라고.

무가 걱정이야?

이렇게 하면 되지.

지우개로 도장 파기

에엥?

올랏!

준비물

조각칼이나 지름 칼

단단한 지우개 또는 고무판 (리놀륨 판)
문방구 가서 고무판화 주세요 하면 됨.

연필
B~4B가 흑심이 진해서 편해요.

형광펜 볼펜
있으면 좋고, 없어도 괜찮아요.

은행에서 그런 거로 찍어도 괜찮대요?

우리 동네 은행에서는 상관 없던데요?

문제는 은행이 아니라 저예요. 간수를 못해서.

어휴! 어디 가는 거야?

먼저, 도장을 파려면 정해야 합니다.

음각이냐? 얼렁

양각이냐? 얼렁

어느 게 쉬워?

처음 만들 땐 음각이 더 편해요.

양각은 요령 없이 팠다간 지우개 버리고, 성질 버리기 십상.♥

시작해 볼까요? 먼저 크기를 정한 뒤 연필로 원하는 모양이 나올 때까지 (!) 그립니다.

지우개 크기보단 작게.

얼렁얼렁 2B

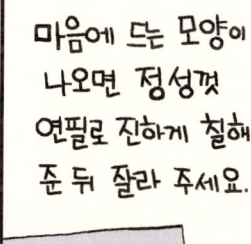

마음에 드는 모양이 나오면 정성껏 연필로 진하게 칠해 준 뒤 잘라 주세요.

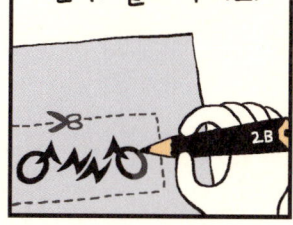

형광펜이 있다면 지우개 윗면에 쓱쓱.

칼로 팔 때 더 잘 보이는 효과. 형광펜 없으면 통과.

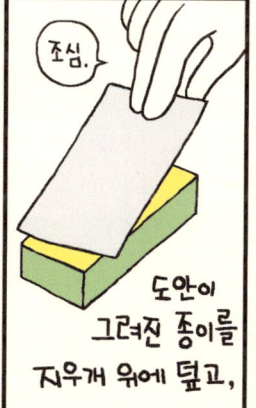

조심.

도안이 그려진 종이를 지우개 위에 덮고,

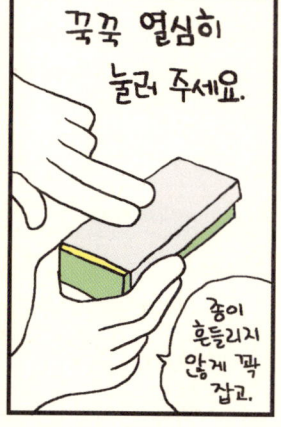

꾹꾹 열심히 눌러 주세요.

종이 흔들리지 않게 꽉 잡고.

종이를 살짝 들어 올려 주면, 반대로 찍힌 글자가 짠!

혹시 너무 흐리게 찍혔다면, 볼펜으로 살살 따라 그려 주면 해결♡

삼각 칼로 조심스럽게 파세요.

판화는 그림과 달리, 한번 손대면 돌이키기가 힘드니, 집중! 집중!

조각칼 쓸 때는 방향 조심! 몸에서 바깥쪽으로 칼날을 밀어야 다치지 않아요.

특히, 고무 판을 잡은 손 쪽으로 칼날이 가선 절대로 안 됨.

고로, 고무 판을 이리저리 돌려서 파내야 합니다.

손 조심, 손 조심.

팔 꿈여.

이렇게 돌려 가며 파라니까!

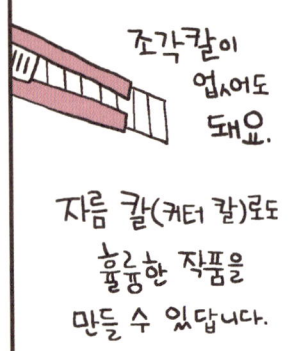

조각칼이 없어도 돼요.

자름 칼(커터 칼)로도 훌륭한 작품을 만들 수 있답니다.

팔 자리에 사선으로 칼 넣고 그어요.

흑연 (팔 자리.)

지우개 (고무 판)

요렇게 됩니다.

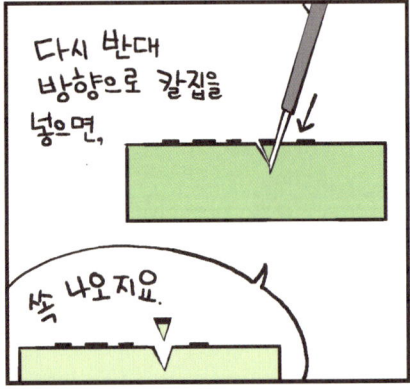

다시 반대 방향으로 칼집을 넣으면,

쏙 나오지요.

음각은 배경 테두리가 멋스럽게 나와야 보기 좋으니 예쁘게 깎아 주세요.

실제론 저렇게 깔끔하게 안 깎임.

잘 새겨졌나 종이에 찍어 봅니다.

고쳐야 할 곳이 있나 살펴보고 마무리합니다.

여기 너무 넓지?

요건 덜 깎였네.

음.. 약간.

요건 내 선물!

맞에 쓰는 물건일꼬?

음, 음, 음......

옷걸이?

딩동댕~

며칠 전, 자바라 옷걸이 하나가 길에 버려진 걸 보고 안쓰러워서 업어 왔지.

글루건이나 목공 풀, 또는 강력 양면테이프 같은 것으로 지우개 위에 붙이면

목공 본드

손잡이 달린 고무 도장 완성.

나도 버려진 자바라 옷걸이 만나야 할 텐데.

꼭 자바라 봉으로만 해야 하는 거 아니야.

나무벽돌

코르크 마개

나무조각

e.v.a 압축 스폰지 비슷

꼭 필요한 건 아니니까, 기다려 봐.

적당한 게 생길 거야.

익숙해졌으면 양각에도 도전해 봐.

웅. 그럴까나.

참!

판화 새길 때 기억할 것 몇 가지.

그건 머리에 새기지 마.

표현 참.

① 도장 파기는 '판화'라는 거. 사진이나 그림하고는 다른 맛을 즐겨.

② 깊이 판다고 더 잘 찍히는 게 아니라는 거.

그러다 '선' 망가져.

구멍 속까지 깔끔하게 파 놓고 싶어지네.

얇은 고무 판은 구멍이 뚫릴 수도 있어요.

③ 손댈수록 망가지기 쉬우므로 처음 팔 때 신중하게 파라는 것!

④ 그리고, 밤새지 말라는 거.

이거 중독되네.

끝

65

시작

엄마, 심심해.

우리 깃발 장식 끈 만들면서 놀까?

좋♡아.

준비물

딱풀
색종이

끈

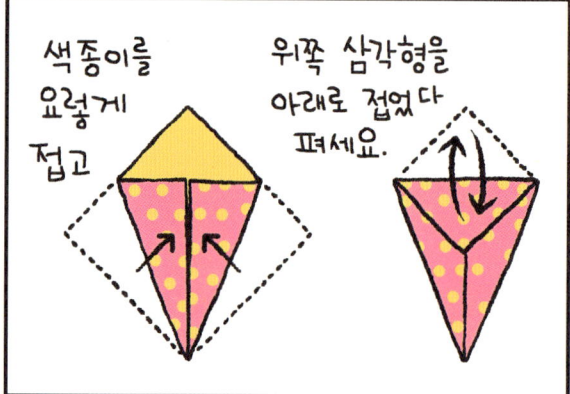

색종이를 요렇게 접고

위쪽 삼각형을 아래로 접었다 펴세요.

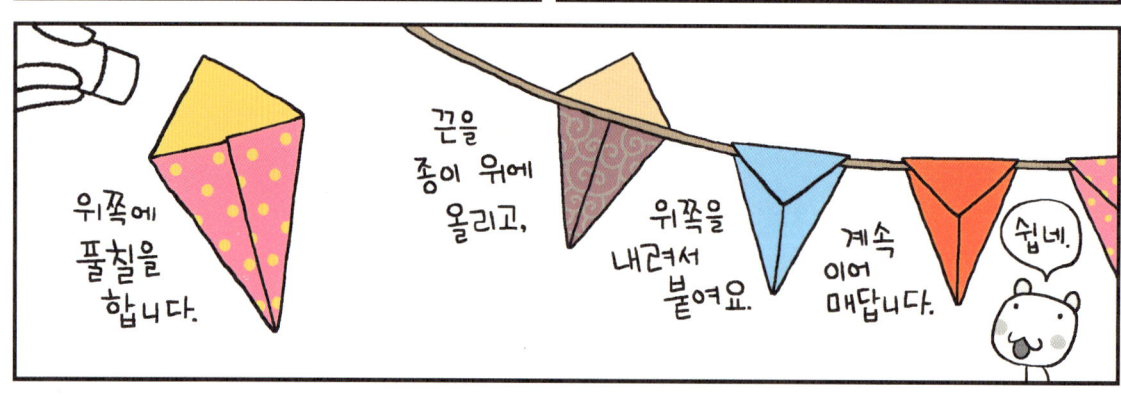

위쪽에 풀칠을 합니다.

끈을 종이 위에 올리고,

위쪽을 내려서 붙여요.

계속 이어 매답니다.

쉽네.

얼렁아. 태극기 그려 볼래?

맞다. 내일 한글날이지. ♪좋아.♪

엄마, 못 그리겠어.

생각은 나는데, 생각이 안 나.

66

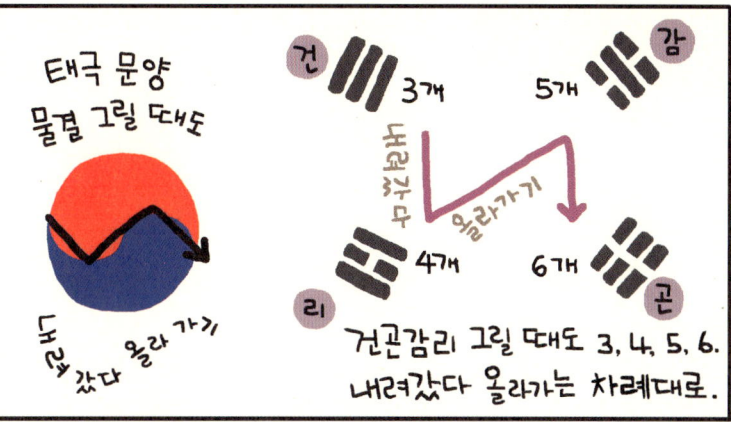

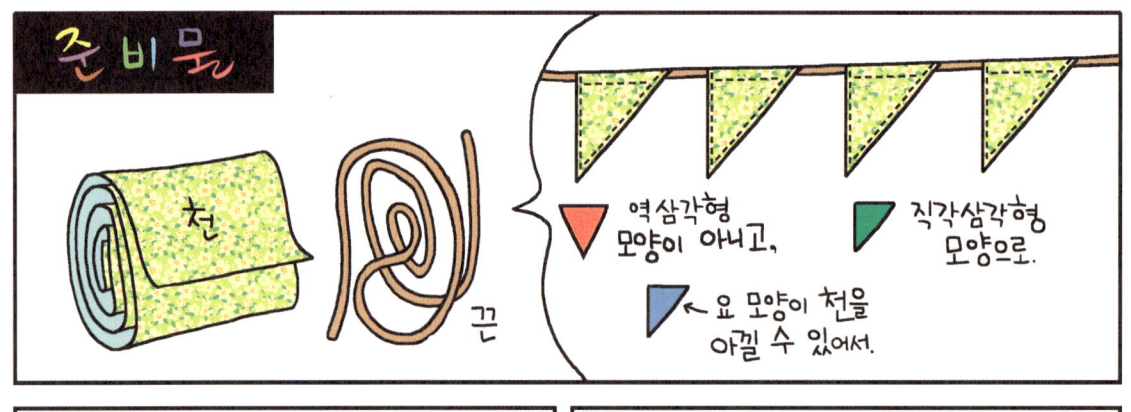

준비물

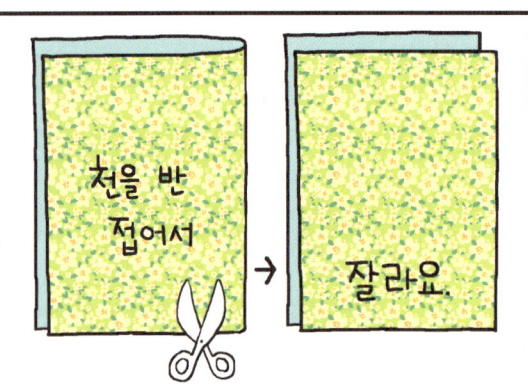

천

끈

역삼각형 모양이 아니고,

직각삼각형 모양으로.

요 모양이 천을 아낄 수 있어서.

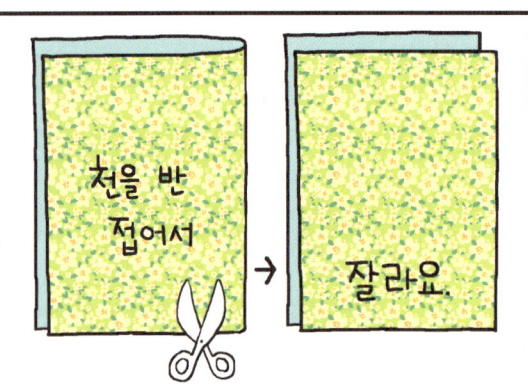

천을 반 접어서 → 잘라요.

또 반 접어서 ✂ 잘라요.

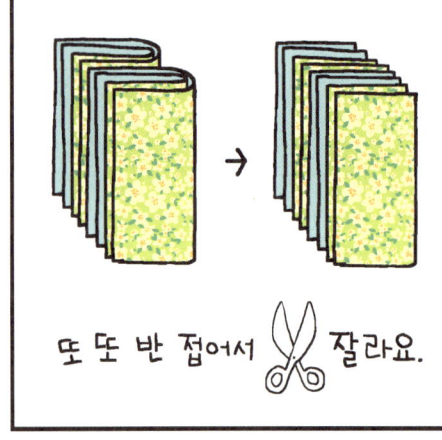

또 또 반 접어서 ✂ 잘라요.

내가 원하는 크기가 나올 때까지 잘라 줍니다.

천이 두꺼우면

반으로 잘라요.

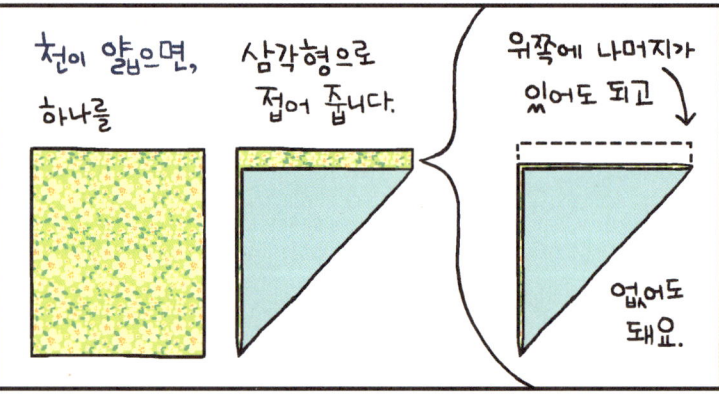

천이 얇으면, 하나를

삼각형으로 접어 줍니다.

위쪽에 나머지가 있어도 되고

없어도 돼요.

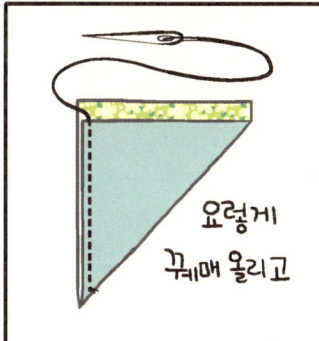

요렇게
꿰매 올리고

뒤집어
줍니다.

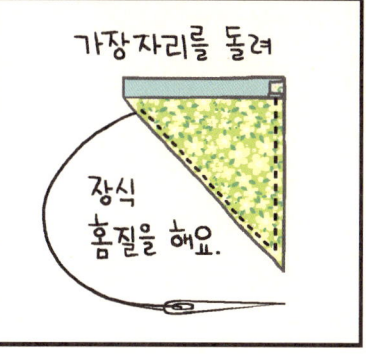

가장자리를 돌려

장식
홈질을 해요.

위쪽에 나머지가
있으면

안으로
접어 줍니다.

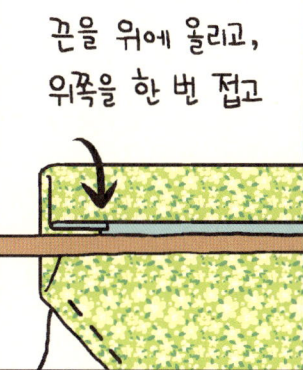

끈을 위에 올리고,
위쪽을 한 번 접고

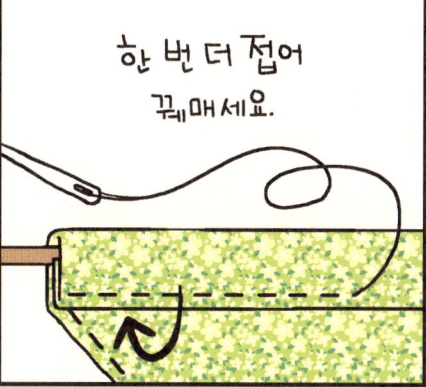

한 번 더 접어

꿰매세요.

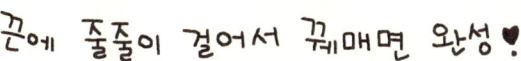

끈에 줄줄이 걸어서 꿰매면 완성 ❤

엄마, 태극기 밖에
걸러크면 어떡해?

그것도
천으로
만들어야지.

참!

두꺼운
천은?

아
차
차
차

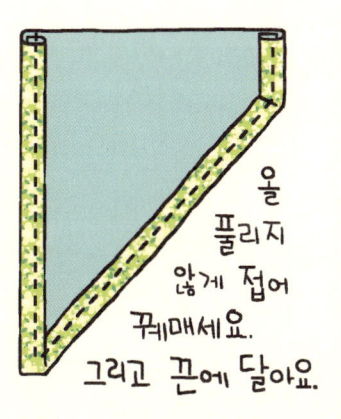

올
풀리지
않게 접어
꿰매세요.
그리고 끈에 달아요.

어떠!

끝

69

삼신할머니?
누군데?
의사야?

아니! 삼신할머니는 하늘나라에서 아기들을 집마다 보내 주시는 분이야.

오냐, 오냐. 어느 집으로 가고 싶으냐?

그래? 나는 지금껏 엄마 난자랑 아빠 정자가 합쳐져 아기가 생기는 줄 알았는데.

정답

엄마는 난자를 만들고,

아빠는 정자를 만들고,

이 둘을 만나게 해서 아기가 되게끔 하는 건 내 몫이지.

난 아기 있으면 좋겠는데!

기저귀도 갈아 주고

내가 목욕도 시켜 주고

토닥토닥 재워 주고

머리도 빗겨 주고

소꿉놀이도 같이 하고.

그럼, 산타 할아버지께 부탁해 봐.

산타 할아버지도 아기 보내 줘?

그건 아니고…… 아기 대신 인형은……

왜? 네가 처음에 인형 만들어 달라고 했잖아.

산타 할아버지 한테 받고 싶은 거 써 놓은 게 이렇게 많은데!

알았어. 엄마가 동생은 몰라도, 인형 동생은 만들어 주마.

앗싸

71

왜?

너무 많아서 뭘 만들어야 할지 막막해.

걱정 마!

내가 골라 줄게!

블라블라 인형

페루에서 손으로 뜬 뜨개 인형. 길쭉한 몸매와 팔이 특징.

독일에서 시작된 발도르프 교육에서 나오는 인형. 유기농 천, 유기농 솜을 쓰고 표정이나 생김새를 강하지 않게 만든다.

발도르프 인형

음.

캐릭터 인형

아이들에게 인기 있는 책이나 영화에서 나오는 등장인물을 본 떠 만든 인형.

테디 베어

곰 모양으로 만든 털 인형. 테디라는 이름은 미국 대통령 루즈벨트의 애칭이라고 함.

다 예쁜데……

이거! 머리도 빗겨 줄 수 있을 것 같아.

이건 아직…… 실력이 좀 늘면 만들어 줄게.

그럼, 구름빵 인형.

이것도 실력이 늘면……

그럼 곰 인형이나 길쭉이 인형, 잘 때 안고 자야지!

곰 인형은 만들 때 털이 너무 날려.

길쭉이는 뜨개질로 떠야 하는데, 할 줄 몰라.

으이구. 만들어 주겠다는 거야? 말겠다는 거야?

찾았다! 수건 천으로 만드는 길쭉이!

만들어 주시려나 봐요.

엄마! 집에 쌓여 있는 천들 없애야죠.

저 녀석이 아빠랑 똑같은 소리를······.

두세 가지 색깔 수건 천.

솜

집에서 쓰던 세수 수건도 쓸 만해요.

집에 굴러다니는 인형 속 솜을 재활용해도 됩니다.

어떤 모양으로 만들지 대충 그려 봅니다.

어떤 게 마음에 들어?

머리는 이거! 몸은 이거.

자기랑 닮은 걸 골랐네?

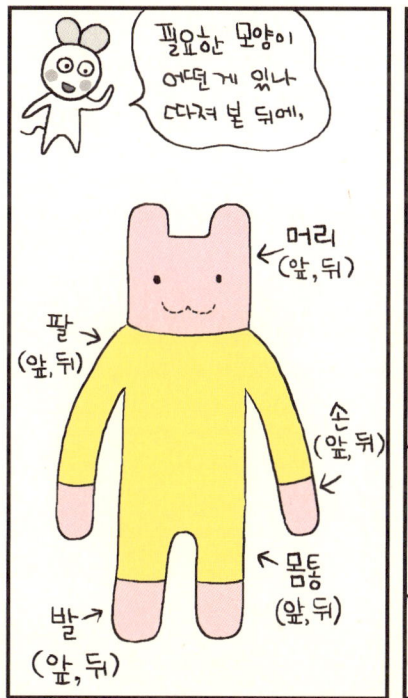

필요한 모양이 어떤 게 있나 따져 본 뒤에,

머리 (앞, 뒤)

팔 (앞, 뒤)

손 (앞, 뒤)

몸통 (앞, 뒤)

발 (앞, 뒤)

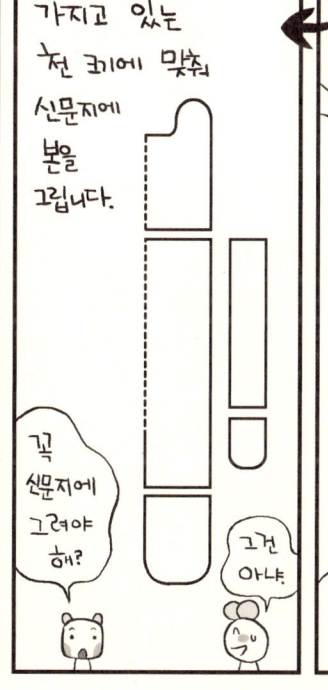

가지고 있는 천 크기에 맞춰 신문지에 본을 그립니다.

꼭 신문지에 그려야 해?

그건 아냐.

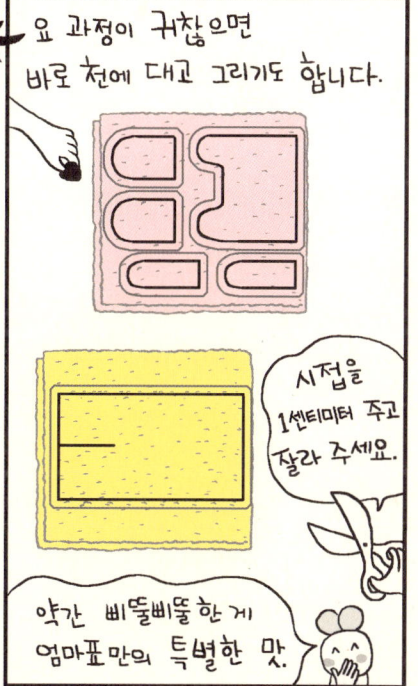

요 과정이 귀찮으면 바로 천에 대고 그리기도 합니다.

시접을 1센티미터 주고 잘라 주세요.

약간 삐뚤삐뚤 한 게 엄마표만의 특별한 맛.

머리 한 장을 잡고
얼굴 모양이 나게 수를
놓아요.

불수록 열렁이를
닮았네. ㅋㅋ.

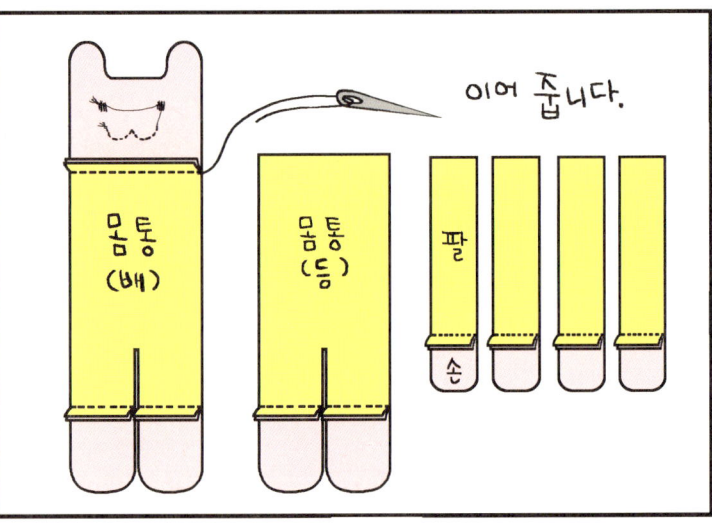

이어 줍니다.

몸통
(배)

몸통
(등)

팔

손

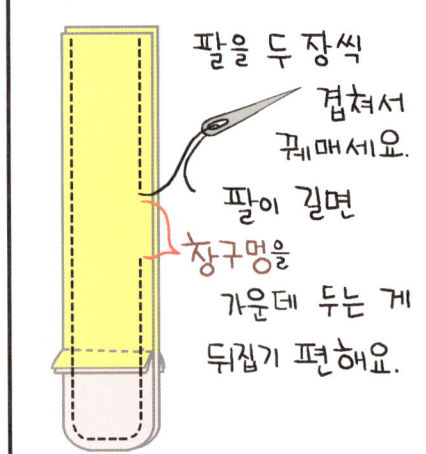

팔을 두 장씩
겹쳐서
꿰매세요.
팔이 길면
창구멍을
가운데 두는 게
뒤집기 편해요.

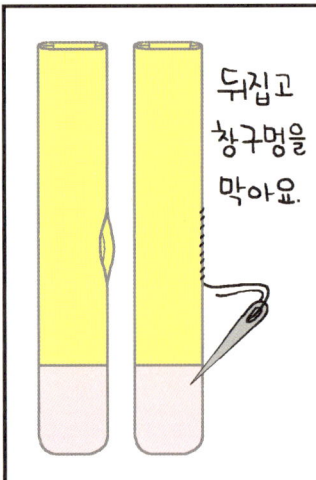

뒤집고
창구멍을
막아요.

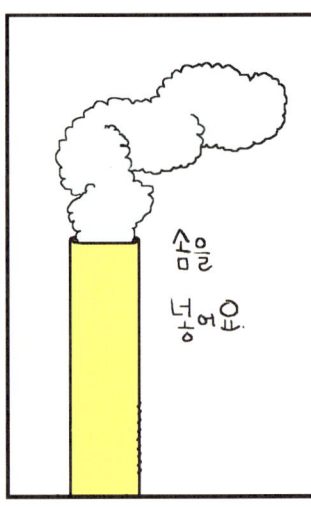

솜을
넣어요.

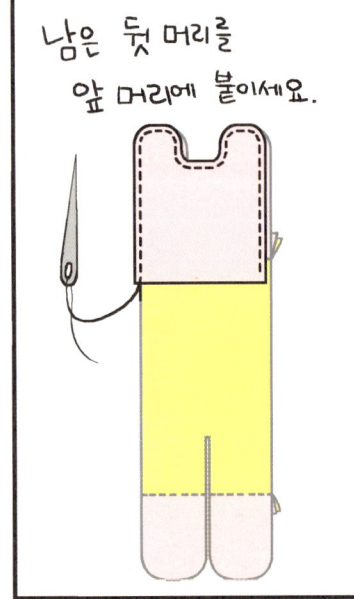

남은 뒷 머리를
앞 머리에 붙이세요.

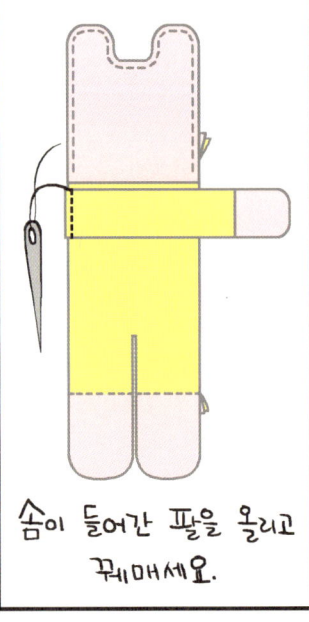

솜이 들어간 팔을 올리고
꿰매세요.

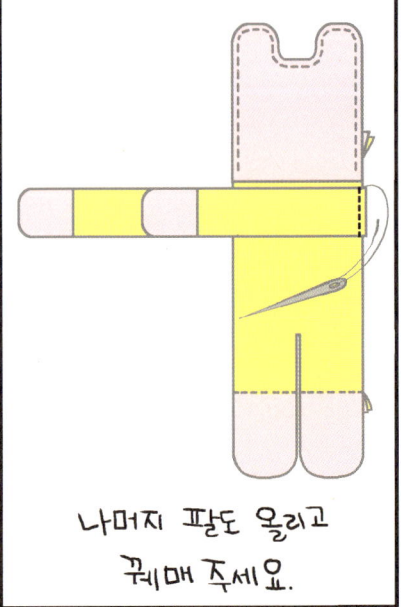

나머지 팔도 올리고
꿰매 주세요.

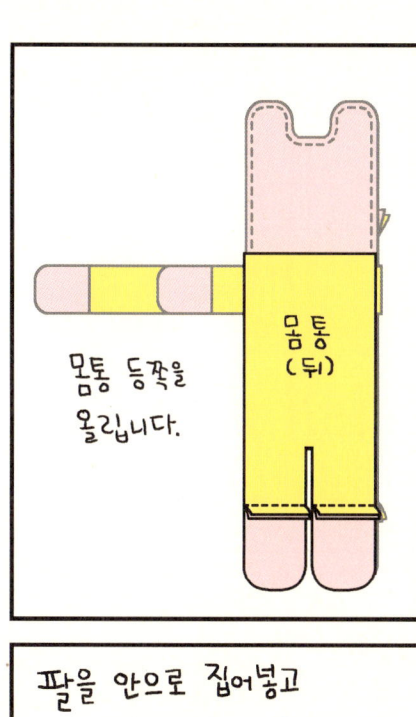

몸통 등쪽을
올립니다.

몸통
(뒤)

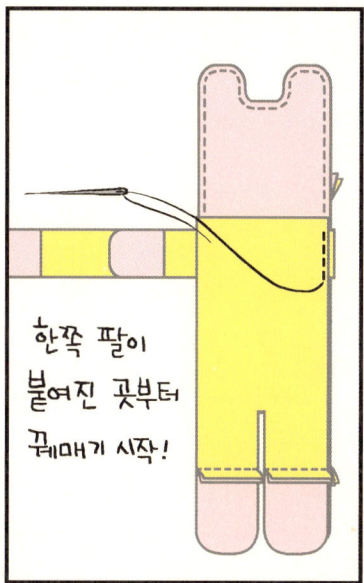

한쪽 팔이
붙여진 곳부터
꿰매기 시작!

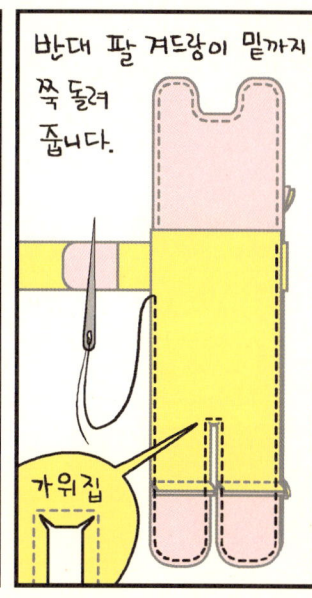

반대 팔 겨드랑이 밑까지
쭉 돌려
줍니다.

가위집

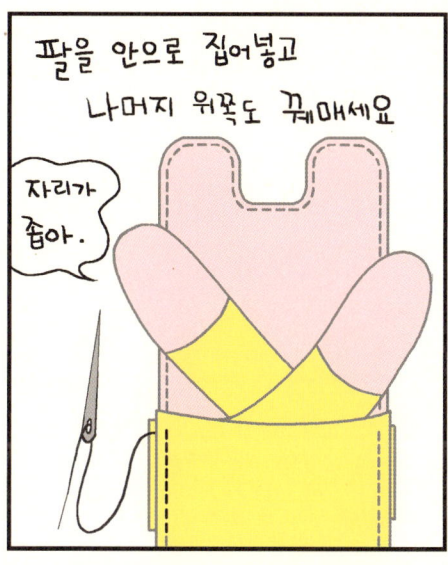

팔을 안으로 집어넣고
나머지 위쪽도 꿰매세요

자리가
좁아.

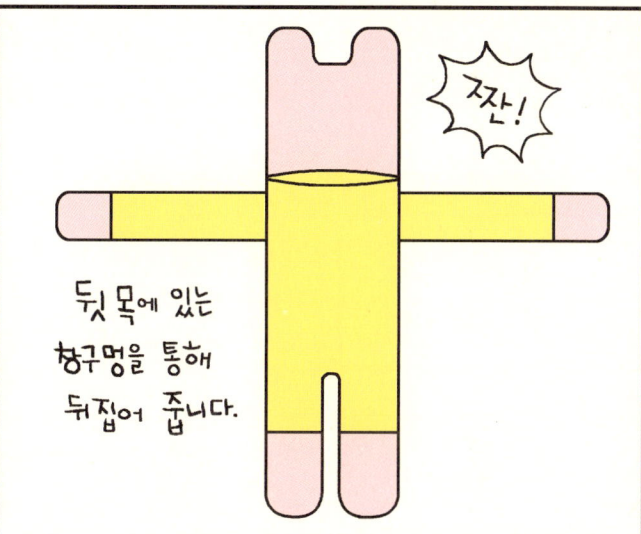

짜잔!

뒷 목에 있는
창구멍을 통해
뒤집어 줍니다.

다리, 몸통,
머리에
솜을 넣어요.

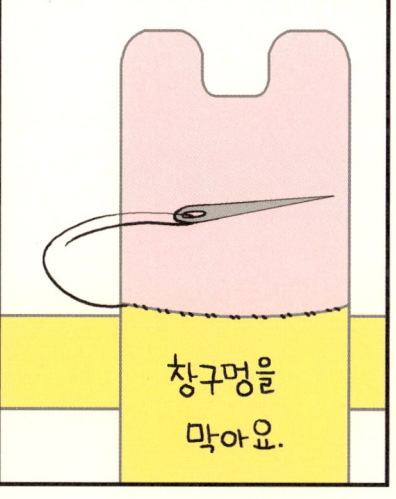

창구멍을
막아요.

동생 대신
꼭 안고
자거라.

코오

엄마, 이것 좀 봐요.

얼렁이는 이런 거 좋아?

응. 예쁘잖아.

살금 살금

올해 성탄절 선물은?

바로 바로

쉿

엄마표 크리스마스 양말

먼저, 종이에 양말을 그려 본을 만듭니다.

룰루 랄라 내 맘 대로~

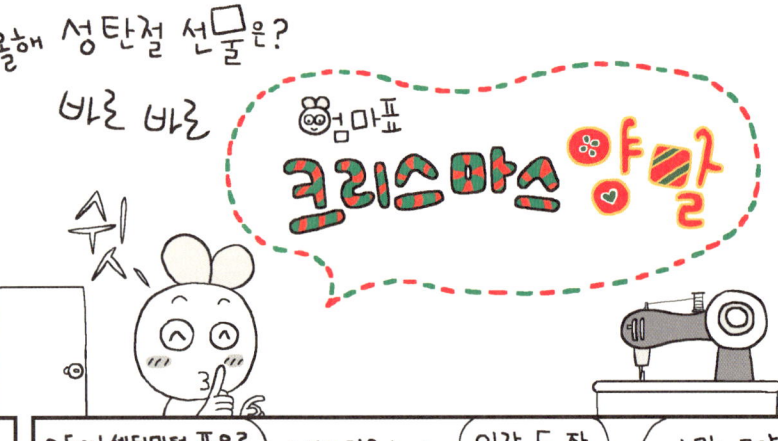

0.5~1 센티미터 폭으로 시접을 넣어 겉감 두장 준비.

재봉선

시접

겉감과 같은 천으로 해도 됩니다.

고리 크기는 적당히.

안감 두장.

양말 모양을 살리기 위해 넣는 퀼트 솜. 겉감이 빳빳하면 없어도 됨.

겉감 안쪽 면 위에 퀼트 솜을 올립니다.

재봉선을 피해서 겉감과 퀼트 솜을 꿰맵니다.

가위집

겉감의 바깥 면이 마주 보게 겹친 뒤 재봉선 따라 꿰매고 가위집을 넣어 줍니다.

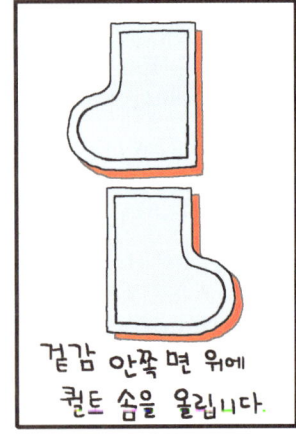

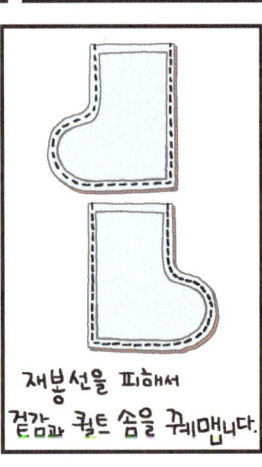

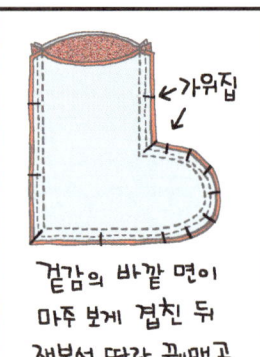

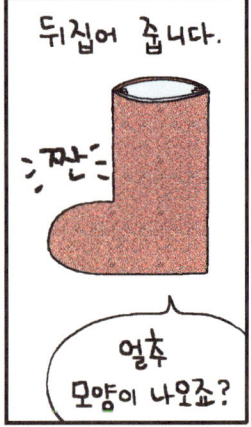

뒤집어 줍니다.

짠

얼추 모양이 나오죠?

이제
안감 차례.

창구멍

안감의 겉면이 마주 보게 하고
창구멍을 남겨 재봉선을
꿰맨 뒤 가위집 내 줍니다.

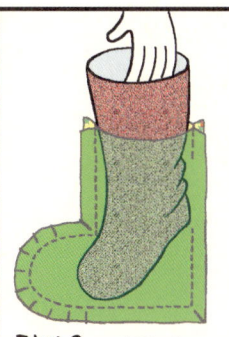

겉감을 안감 속에
쏙 넣어 줍니다.

고리도 만들어 주고

반 접어 안감 천과 겉감 천
사이에 끼웁니다.

고리
겉감
퀼트 솜
안감

입구 쪽을 빙 둘러
꿰맵니다.

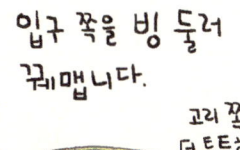

고리 쪽은
더 튼튼하게.

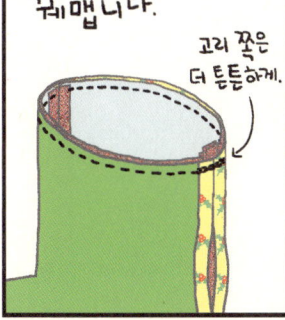

창구멍으로 겉감을
잡아 빼 줍니다.

다 뒤집으면
요런 모양이
나오는데요.
창구멍을
막아 줍니다.

안감을
양말
겉감
속으로

구석구석
잘 넣어 줍니다.

양말 주둥이 끝을 장식 삼아
둘러 꿰매면 안감이
밀려 나오지 않아요.

양말 완성!

리본이나 레이스, 구슬,
단추, 조각 천 따위로
꾸며 주면 화려한
양말로
변신!

욕심 부리다가
기절.
으~억

우와앙

뭐, 뭐야?
무슨 일이야?

산타 할아버지가
선물은 안 주고
빈 양말만 놓고 갔어요.

밤샘으로
실신 상태.

그곳은 얼렁이에게  별천지였고, 동화 나라였으며, 산타 할배 친구네였지.

멋쟁이 교구여왕네 집에 놀러 가다.

성탄절 기분 내기

어서 오세요.

우와, 멋지다.

헉!

뿡간 ㄸ딸내미.

세상에! 저렇게 꾸미려면 돈이 얼마나 들었을까?

잡지에서 본 인테리어 보다 훨씬 멋지다.

기죽은 부모.

문제는 집에 갈 때.

안 가. 안 가.

또 놀러 와.

난 기독교인도 아닌걸 뭐. 저렇게까지 꾸밀 이유가 없다고.

뭐, 우리 집이 워낙 좁아서 꾸밀 공간도 없지만.

트리나 장식에 먼지가 얼마나 많이 쌓이는데.

맨날 청소해 줄 수도 없고! 얼렁이가 아토피라서 저런 거 있으면 안 된다고.

백 가지 이유를 찾아냈으나, 우리집이 새삼 궁상스러워 보이는 건 어쩔 수 없었다.

나는 사실 집 꾸미기 같은 거 관심 없는데

얼렁이가 너무너무 부러워하니까 기분이 이상해지더라고요. 이게 그 유명한 '상대적 박탈감?'

끙

상대적 박탈감 좋아하시네. 아이들이 원하는 건 으리으리한 장식이 아니라 성탄절 기분 내기라고.

특별히 크게 자리를 차지하지 않아야 하고,

되도록 해마다 다시 쓸 수 있으면 좋고,

천이나 부직포로 만들면 빨 수도 있어.

돈도 적게 들고,

아이랑 같이 만들면 더 즐겁지.

만들기도 쉬워야 하고,

설명만 들으면 완전 소중 완벽한 장식품이 나올 것 같네요. ㅋㅋㅋ.

그리고! 만들었을 때 예뻐야 한다는 것.

색종이 리스

종이 접는 방법이 쉬우니,
어린 아이들과 함께
만들어 문이나 벽에
걸어 보아요.

재료 : 색종이
(빨강이나 초록.)   풀

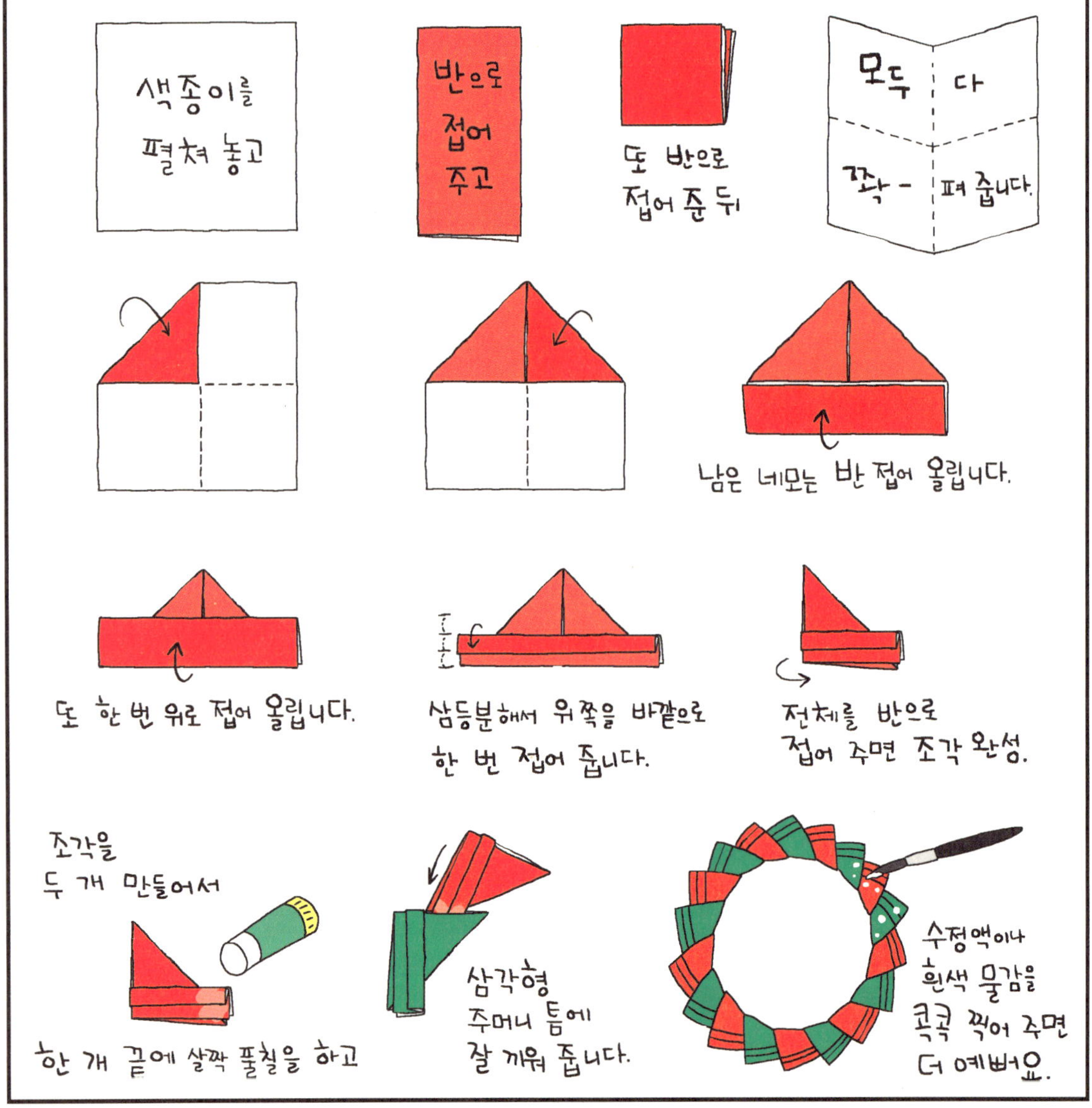

색종이를
펼쳐 놓고

반으로
접어
주고

또 반으로
접어 준 뒤

모두 다
짝 - 펴 줍니다.

남은 네모는 반 접어 올립니다.

또 한 번 위로 접어 올립니다.

삼등분해서 위쪽을 바깥으로
한 번 접어 줍니다.

전체를 반으로
접어 주면 조각 완성.

조각을
두 개 만들어서

한 개 끝에 살짝 풀칠을 하고

삼각형
주머니 틈에
잘 끼워 줍니다.

수정액이나
흰색 물감을
콕콕 찍어 주면
더 예뻐요.

80

눈꽃 장식

만들면 생각보다 커지니까, 자그마한 크기로 시작하세요.

훨씬 멋져요.

실제로 보면

재료
6장 종이나 펠트
풀
칼
자

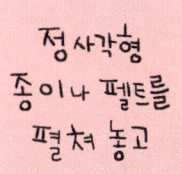

정사각형 종이나 펠트를 펼쳐 놓고

반으로 접고

삼각형을 또 반으로 접어 올립니다.

다시 펼칩니다.

같은 폭으로 세 줄씩 반듯이 자릅니다.

※ 가로 선과 세로선이 만나지 않게 잘라야 합니다.

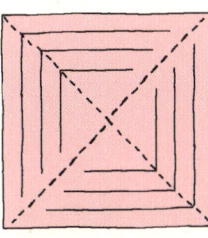

펼치면 요렇게.

가운데를 동그랗게 말아서 붙입니다.

한 줄 건너서 두 번째 줄을 동그랗게 모아 붙여 주세요.

뒤집으면 요렇게.

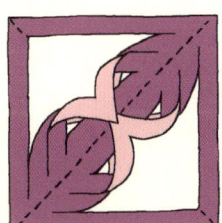

안쪽 네모를 모아 주시고,

바깥쪽 네모도 모으면 꽃잎 한 장 완성.

꽃잎을 여섯 개 만든 뒤 세 개씩 모아 끝을 붙이고,

두 묶음을 모아 붙이세요.

꽃잎끼리 만나는 곳도 붙여야 모양이 고정됩니다.

❋ 낚싯줄에 걸어 장식해 보아요.

펠트로 만들 땐 뭘로 붙여요?

당연히 실과 바늘 이지.

먼지가 쌓이면 손빨래도 할 수 있어.

와, 아기 트리다.
아기 트리!

저렇게까지
좋아할 줄이야.

왠지
미안해
지네……

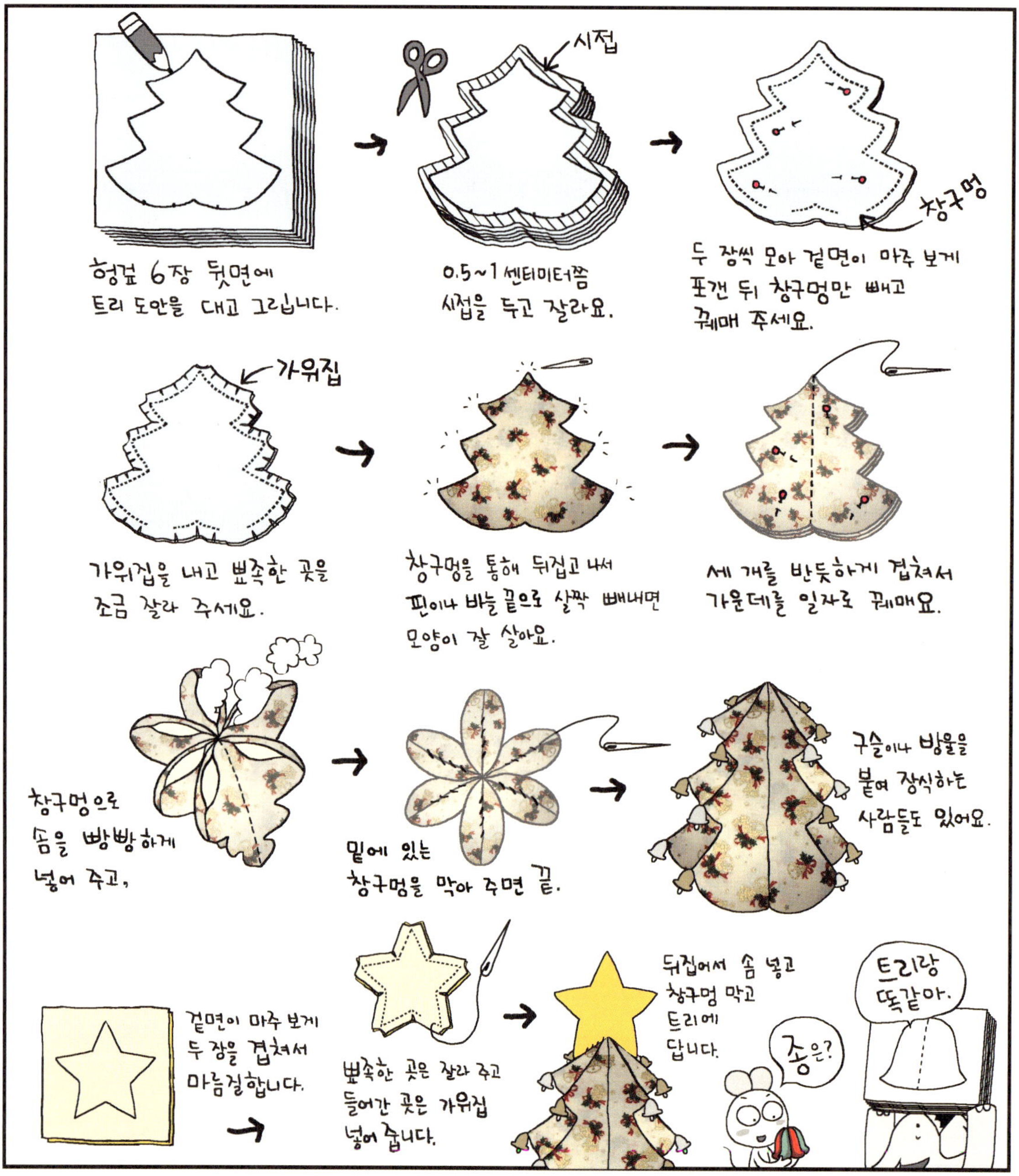

꼬마
헝겊 트리랑
헝겊 종

헝겊 6장 뒷면에
트리 도안을 대고 그립니다.

시접

0.5~1 센티미터쯤
시접을 두고 잘라요.

창구멍

두 장씩 모아 겉면이 마주 보게
포갠 뒤 창구멍만 빼고
꿰매 주세요.

가위집

가위집을 내고 뾰족한 곳을
조금 잘라 주세요.

창구멍을 통해 뒤집고 나서
핀이나 바늘 끝으로 살짝 빼면
모양이 잘 살아요.

세 개를 반듯하게 겹쳐서
가운데를 일자로 꿰매요.

창구멍으로
솜을 빵빵하게
넣어 주고,

밑에 있는
창구멍을 막아 주면 끝.

구슬이나 방울을
붙여 장식하는
사람들도 있어요.

겉면이 마주 보게
두 장을 겹쳐서
마늘질합니다.

뾰족한 곳은 잘라 주고
들어간 곳은 가위집
넣어 줍니다.

뒤집어서 솜 넣고
창구멍 막고
트리에
답니다.

좋은?

트리랑
똑같아.

82

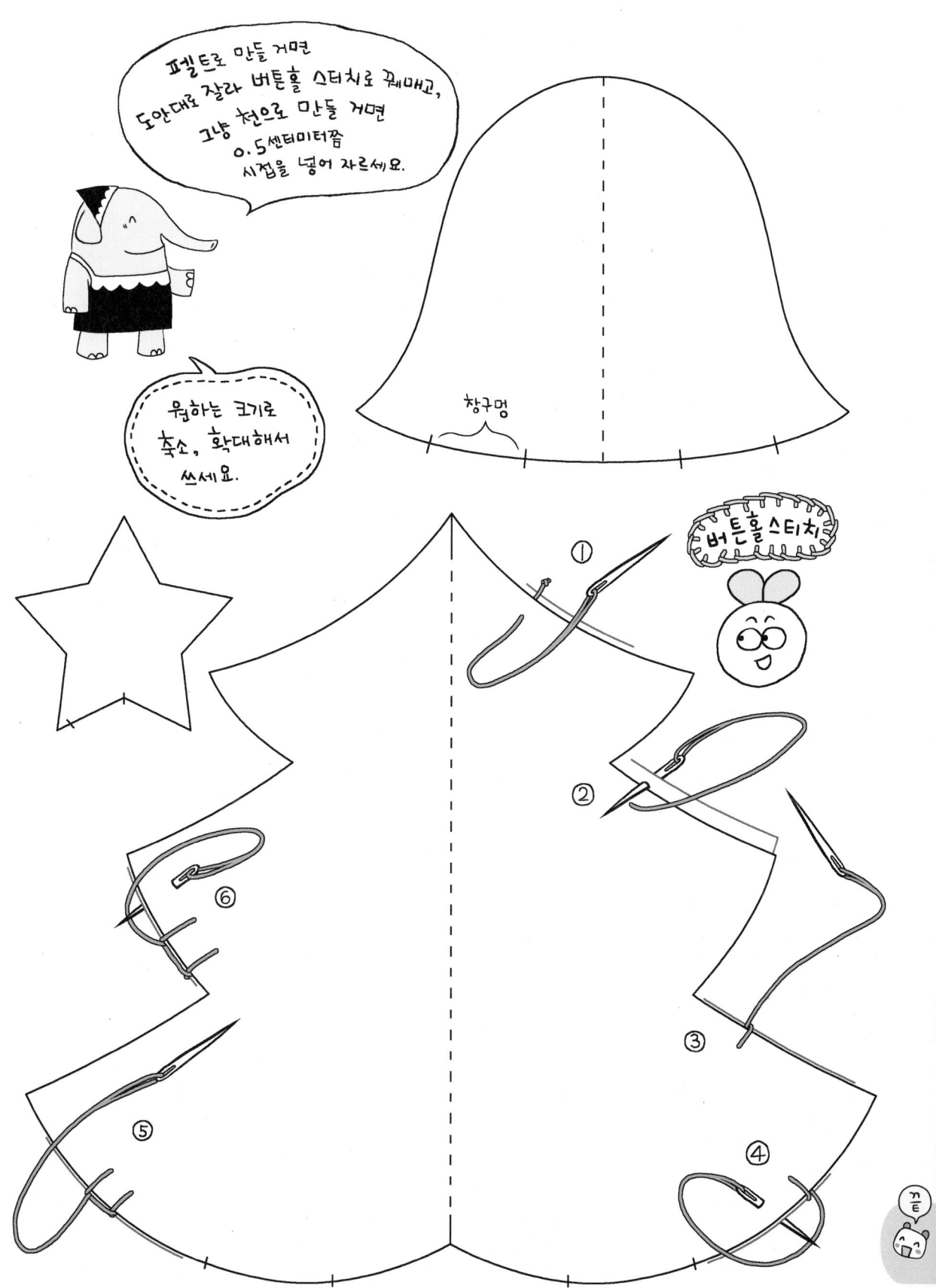

시작

오늘은 뭐 만들까?

우리 장난감 마이크 만들자.

마? 이? 크?

아, 아, 마이크 테스트 중입니다.

원 마이크?

애들 아나운서나 기자 시키게?

우리 집 녀석들 숨기만 있지, 공부에 관심 없어서 그런 생각 안 해.

곧 설인데, 명절 때 식구들 모이면 뭐 해?

예전엔 동양화.

요즘엔 교육상 윷놀이로 바꿨어.

닥치고 영화.

우아하게 고궁 산책.

한복 입으면 공짜 입장.

음주가무 ♪

우리 시댁 식구들은 바로......

너만 가수냐! ─
와뚜 와리와리

언제나 사랑받는♥
소주병 + 숟가락
마이크 ♥

오, 화끈한테. 재밌겠다.

물론 흥겹지. 하지만......

너거 선면 되잖아!

나두 나두

무조건 형아 것만 뺏는 막둥씨

너희도 한 곡 불러야지.

설마, 소주병째로?

그건 아니지만...... 내 눈엔 그게 그거다 싶어서.

만들어 놓으면 해마다 두 번은 확실히 쓰겠네.

아냐. 장난감 마이크 생각보다 쓸모 있어.

우리 애들도 어릴 때 마이크 가지고 많이 놀았어.

가족 회의 할 때도 써 봤어.

와! 그럼, 언니 마이크 만들어 본 적 있는 거예요?

아니, 아니.

그냥 집에 있던 장난감이었어.

언니는 이미 있으니까 만들 필요 없겠네.

교구네는 애가 셋이니 내가 하나 만들어 줄게.

역시! 언니!

자, 만들기 시작!

뚝딱 뚝딱

나, 다 만들었어.

인터넷 뒤져 보니 바로 나오던데?

플라스틱 공
은박호일
접착테이프
다 쓴 휴지 심
색종이

휴지 심 위에 공을 올리고 접착테이프로 붙여 줍니다.

은박지를 뜯어 공을 씌웁니다.

공 겉면에 딱 맞게 눌러 줘요.

안 쓰는 종이를 팍팍 구겨서 휴지 심 속에 넣어요.

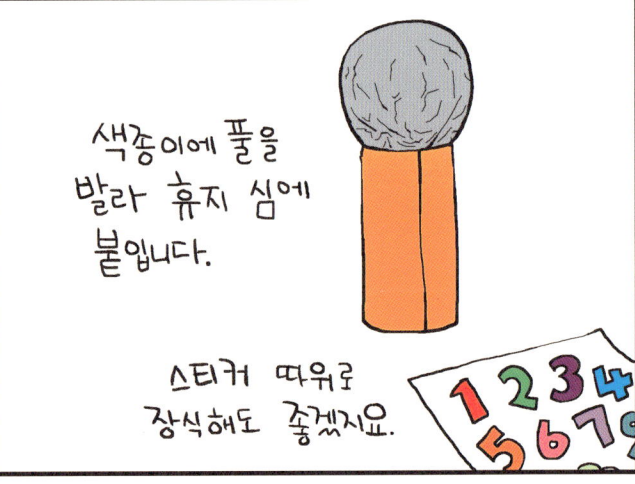
색종이에 풀을 발라 휴지 심에 붙입니다.

스티커 따위로 장식해도 좋겠지요.

1234567890

간단한 재료에 만들기 쉽고, 아이들과 함께하면 딱 좋은 방법이네.

냠 악

아! 해!

내 마이크! 으왕!

아기 있는 집은 추천 안 함.

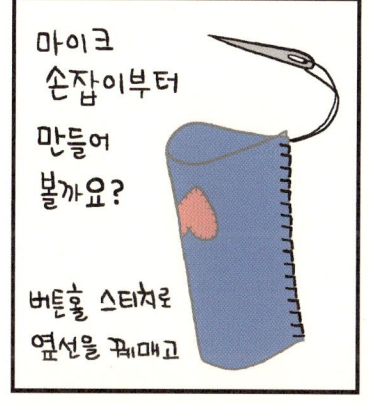 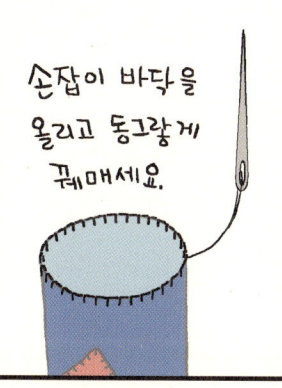 

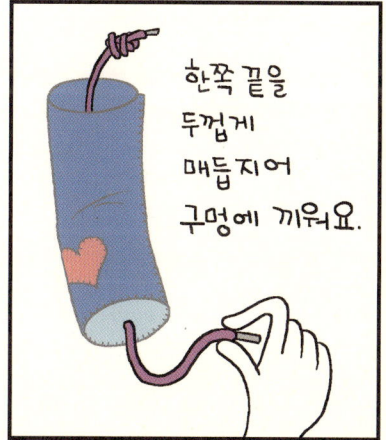 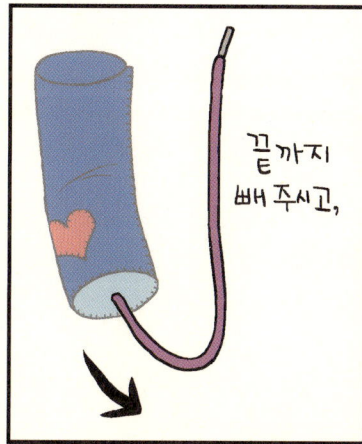 

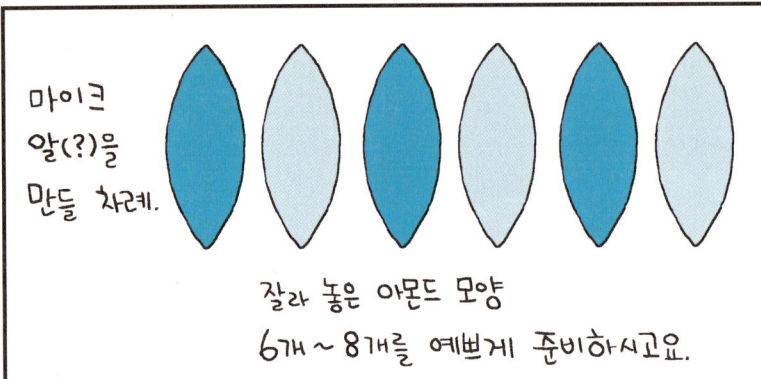

마이크 알(?)을 만들 차례.

잘라 놓은 아몬드 모양 6개~8개를 예쁘게 준비하시고요.

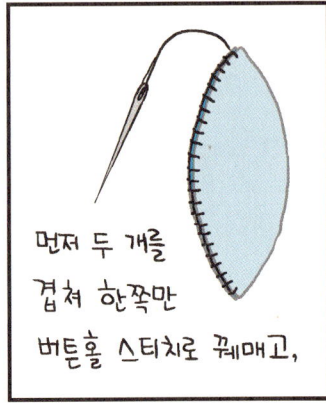

먼저 두 개를 겹쳐 한쪽만 버튼홀 스티치로 꿰매고,

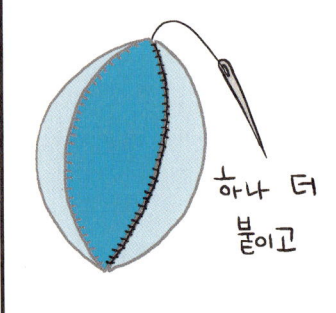

하나 더 붙이고

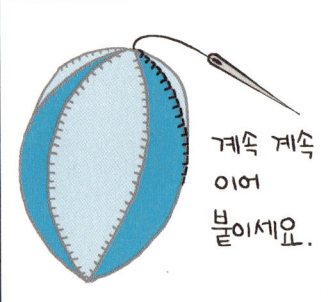

계속 계속 이어 붙이세요.

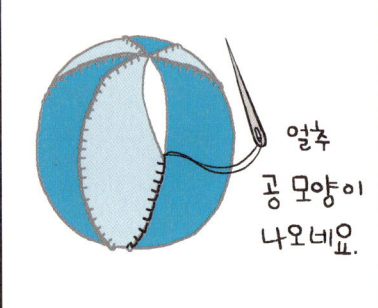

얼추 공 모양이 나오네요.

솜을 빵빵하게 넣어요.

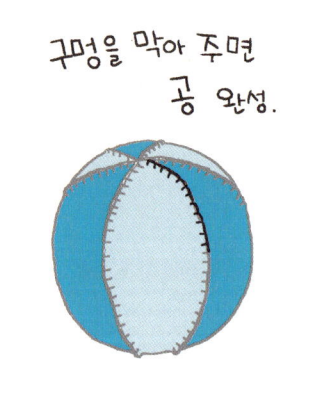

구멍을 막아 주면 공 완성.

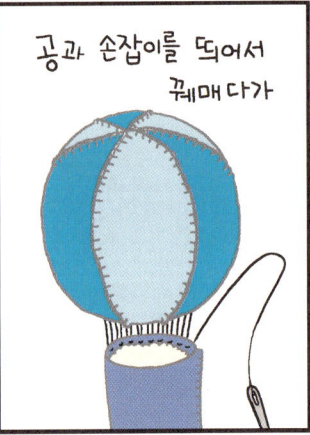

공과 손잡이를 떠서 꿰매다가

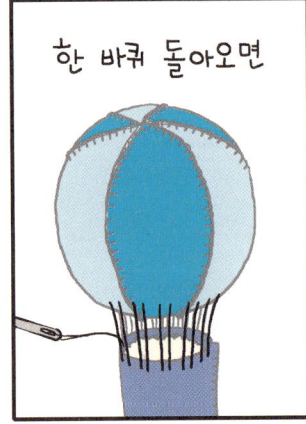

한 바퀴 돌아오면

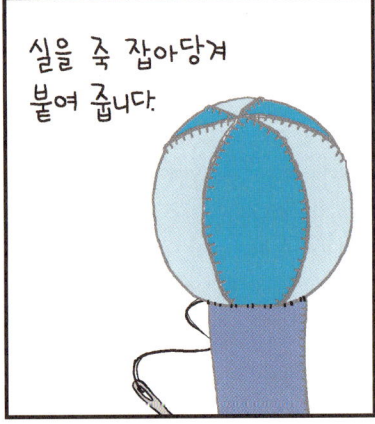

실을 죽 잡아당겨 붙여 줍니다.

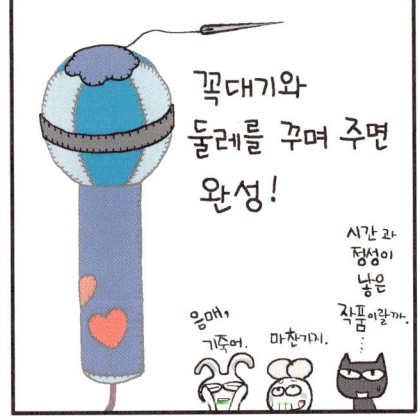

꼭대기와 둘레를 꾸며 주면 완성!

시간과 정성이 낳은 작품이랄까.

음매, 기죽어. 마찬가지.

88

나야 재활용 공작부인이니까. 히히.

다 쓴 풀통

짝 잃은 아기 양말

솜

천이나 종이

양말에 솜을 빵빵하게 넣어요.

공 같이 모양을 잡아 묶어 줍니다.

양말 천이 성글어서 솜이 많이 보이면 양말을 한 겹 더 씌우세요.

요건 완성♡

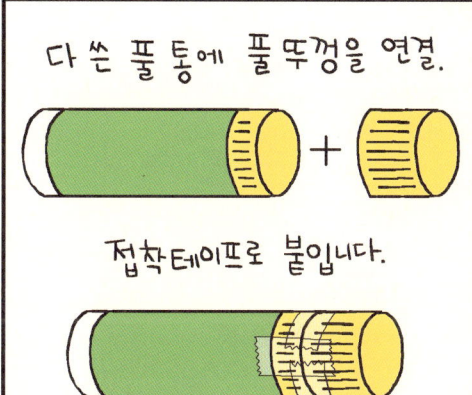

다 쓴 풀통에 풀뚜껑을 연결.

＋

접착테이프로 붙입니다.

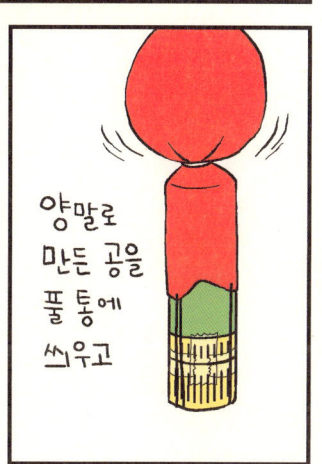

양말로 만든 공을 풀통에 씌우고

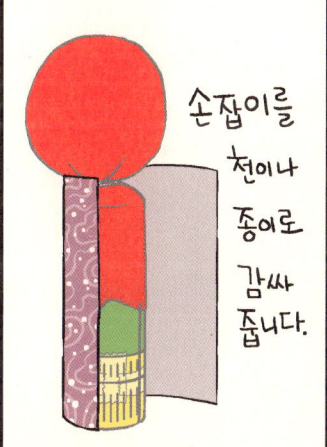

손잡이를 천이나 종이로 감싸 줍니다.

완성!

그럼, 너는?

호일은 위험하고

시간도 없고

다 쓴 풀통도 없어서,

양말 ＋ 펠트 ⇒

89

시골집은 해마다 명절 저녁이 되면, (내기)윷놀이로 흥분의 도가니탕이 되곤 했다.

걸 나와라! 으랏차차
걸! 걸!
푸하하 도다! 도!

그러나, 올해는 멍하니 텔레비전만 보고 있다.

....

윷놀이가 금지된 이유는 바로

천사에서 악마로 변한 이놈들 때문이다.

일곱 살 여섯 살 다섯 살 세 살

쭉쭉 빨기 말판 뒤엎기 내 거야 윷가락 빼기 이쯤은 애교입니다.

큰엄마

후려치기

랄 랄 라

휘두르기

차라리 이게 낫다. 아랫집인데요. 천장이 계속 울려대서요.

딱 딱 두들기기 죄, 죄, 죄송합니다.

날마다 놀 수 있어요.

말랑 푹신 꼬세트 필트
윷놀이

텔레비전은 시시해. 화투라도 사 올까? 그것도 모두 뺏길걸? 막둥이 클 때까진 참자고.

던졌을 때 나무 부딪히는 경쾌한 소리가 좋았는데.

애들 클 때까지만 '소리'는 참자고.

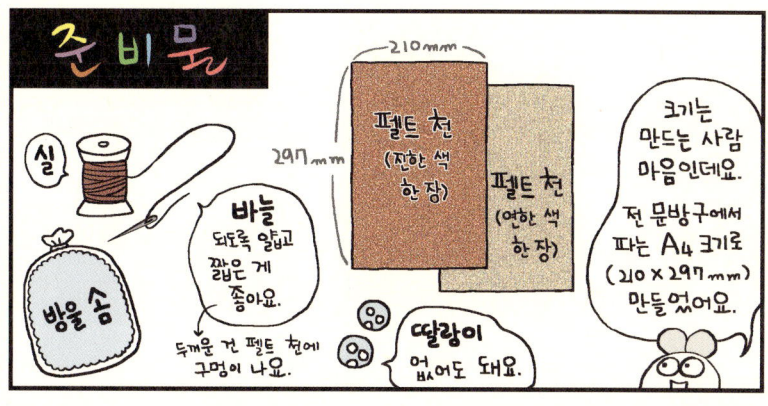

실

바늘
되도록 얇고 짧은 게 좋아요.

두꺼운 건 펠트 천에 구멍이 나요.

방울솜

딸랑이 없어도 돼요.

210mm

펠트 천 (진한 색 한 장)

펠트 천 (연한 색 한 장)

297mm

크기는 만드는 사람 마음인데요. 전 문방구에서 파는 A4 크기로 (210 X 297mm) 만들었어요.

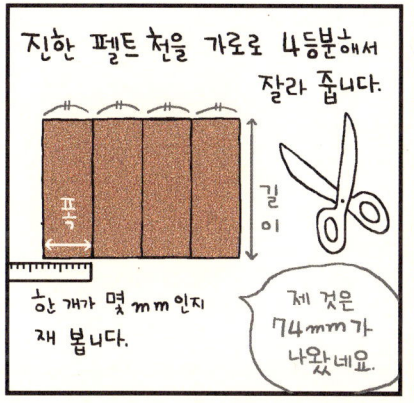

진한 펠트 천을 가로로 4등분해서 잘라 줍니다.

폭

길이

한 개가 몇 mm 인지 재 봅니다.

제 것은 74mm가 나왔네요.

종이에 반원 둘레가 폭 길이만 한 원을 그립니다.

(제 경우 70~74mm)

음료수 병뚜껑

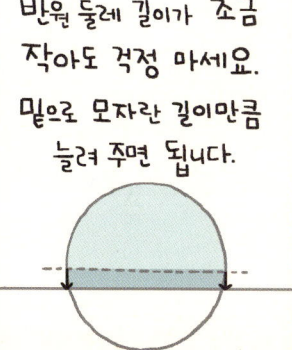

반원 둘레 길이가 조금 작아도 걱정 마세요.

밑으로 모자란 길이만큼 늘려 주면 됩니다.

자릅니다.

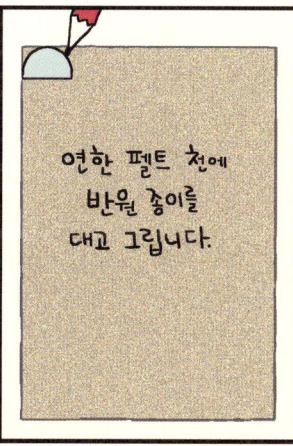

연한 펠트 천에 반원 종이를 대고 그립니다.

잘라 놓은 진한 펠트 천 길이만큼 내려 줍니다.

(저는 210mm)

밑둥에 반원을 이어 그립니다.

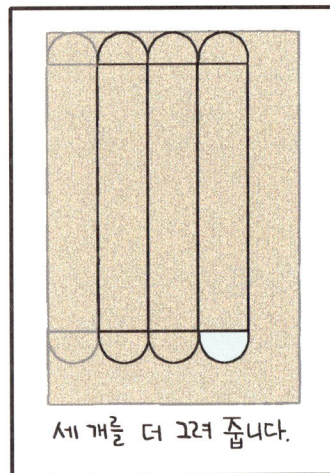

세 개를 더 그려 줍니다.

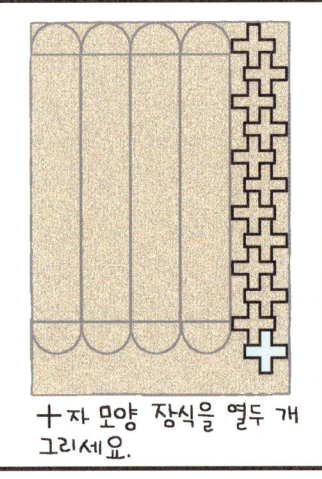

十자 모양 장식을 열두 개 그리세요.

크기는
?

35mm
13mm
9mm
35mm

난 이렇게 그렸지만, 정답은 없어. 만드는 사람 마음이지.

가위로 오리시고,

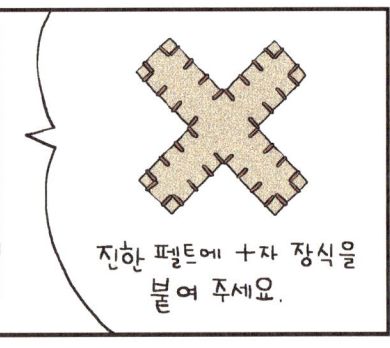

진한 펠트에 十자 장식을 붙여 주세요.

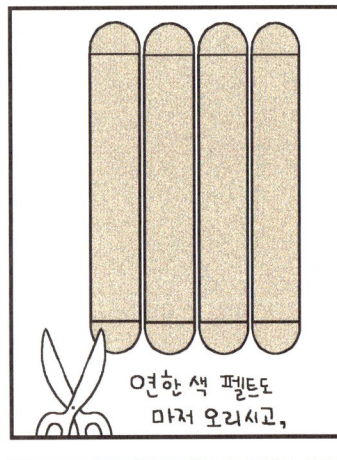

연한 색 펠트도 마저 오리시고,

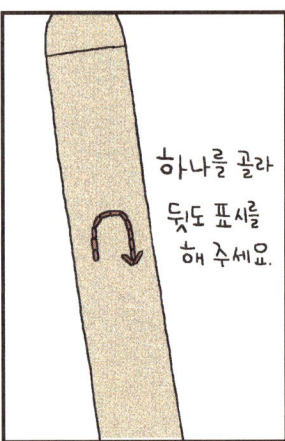

하나를 골라 뒷도 표시를 해 주세요.

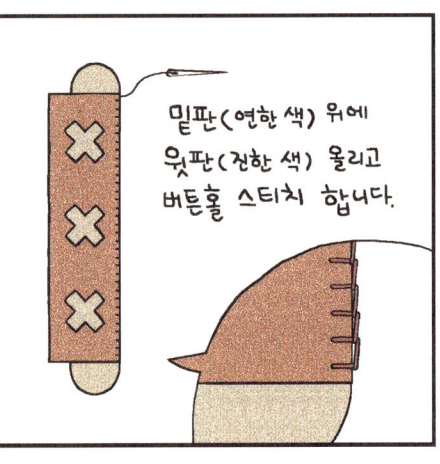

밑판(연한 색) 위에 윗판(진한 색) 올리고 버튼홀 스티치 합니다.

반원도 이어서 버튼홀 스티치.

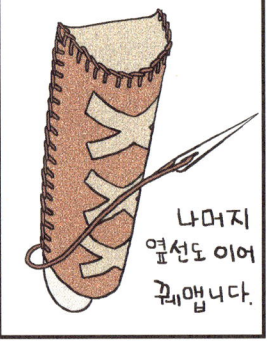

나머지 옆선도 이어 꿰맵니다.

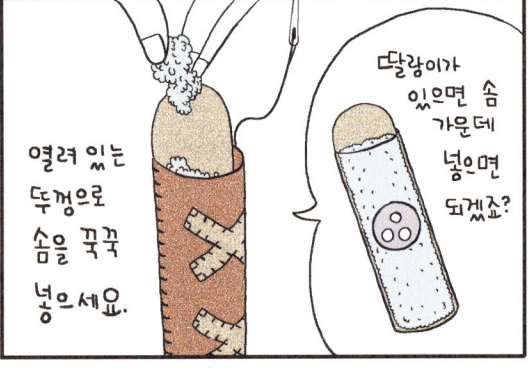

열려 있는 뚜껑으로 솜을 꾹꾹 넣으세요.

딸랑이가 있으면 솜 가운데 넣으면 되겠죠?

솜을 다 채운 뒤
버튼홀 스티치로 뚜껑까지
막아 주면
끝♡

천이다 보니 아래쪽이
살짝 불룩해지지만
윷 노는 덴 괜찮아요. ^^

이걸 언제 다 하냐고요?

흐윽!

짬짬이
하다 보면
생각보다
빨리 만들 수
있어요.

만드는 김에
윷 보자기도
만들어
볼까요?

45cm

45cm

제가
만든 펠트 윷이
나무로 만든 가락윷보다
커서 보자기도
같이 커졌어요.

네모난 천
두 장을
준비합니다.

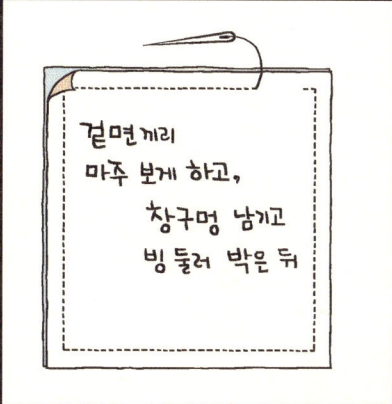

겉면끼리
마주 보게 하고,
창구멍 남기고
빙 둘러 박은 뒤

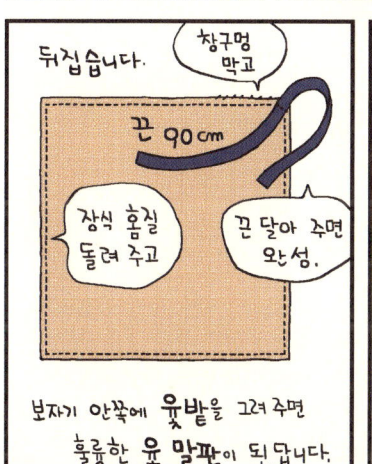

뒤집습니다.

창구멍
막고

끈 90cm

장식 홈질
돌려 주고

끈 달아 주면
완성.

보자기 안쪽에 윷밭을 그려 주면
훌륭한 윷 말판이 된답니다.

나는 조각 천을
이어 붙여서 꾸몄고
윷밭은 십자수를
만들어 붙였어.

거의
공예품
수준

저는 펠트로
돼지, 개, 양, 소, 말을
만들어 붙였어요.

에...... 저는 낡은 남방
등짝에 유성펜으로 찍찍.

꼬맹이들도
윷 던지면서
함께 놀아요.

끝

93

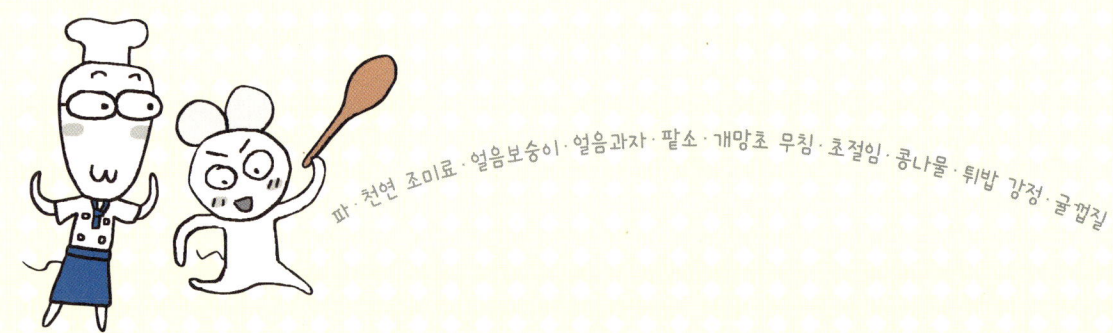

파 · 천연 조미료 · 얼음보숭이 · 얼음과자 · 팥소 · 개망초 무침 · 초절임 · 콩나물 · 튀밥 강정 · 굴껍질

건강한 먹을거리 만들기

두부 · 매실 발효액 · 여러 가지 발효액 · 발효액에서 꺼낸 매실 · 발효액 건더기 · 매실 씨앗 베개

세 식구 조촐한 우리 집.

아차 하면 음식 재료를 버리게 되기 일쑤.

이런, 유통기한 넘었네.

2004

앗, 썩어 버렸어.

윽, 냄새.

소중한 먹을거리를 버리지 않으려면 귀찮아도

싰고   다듬고

손질해서

냉동실에 얼리는 게 최고다.

음식 낭비냐 전력 낭비냐 그것이 문제로다.

.....

윽, 자리가 없어.

어찌 보면 말이야. 냉장고가 있어서 우리가 먹는 음식 질이 아주 떨어지게 되는 것 같아.

무슨 소리야?

예를 들자면, 옛날 사람들은 살아 있는 시금치를 먹었다면,

냉장고 때문에.

우리는 꽁꽁 얼린, 또는 뽑은 지 한참 지난 시금치를 먹는 거잖아.

뭐, 그런 셈이지......

냉동실은 꽉 차 있는데 늘 먹을 게 마땅치 않은 것도 이상한 일이고.

그건 정말 문제야.

우리가 도시에서 사는 이상 어쩔 수 없는 일이겠지.

얼렁아. 우리 뒷산에 흙 파러 가자.

야옹

?

파 키워 먹기

아빠, 유모차를 왜 가져가요?

아, 흙은 무겁거든.

준비물

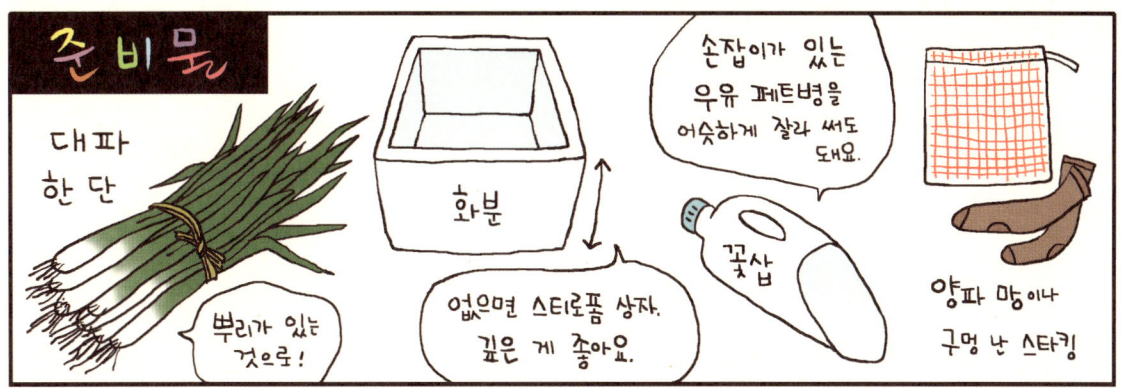

대파
한 단

뿌리가 있는
것으로!

화분

없으면 스티로폼 상자.
깊은 게 좋아요.

손잡이가 있는
우유 페트병을
어슷하게 잘라 써도
돼요.

꽃삽

양파 망이나
구멍 난 스타킹

스티로폼 상자를
쓰려면 물 빠지는
구멍을 내야 해요.

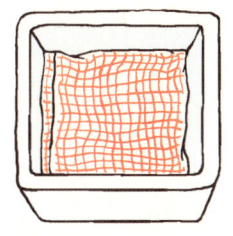

소중한 흙이 물에
쓸려 내려가지 않게
양파 망을 깔아 주세요.

구할 수 있다면 돌멩이들을
바닥에 깔아 줍니다.
없으면 넘어가시고.

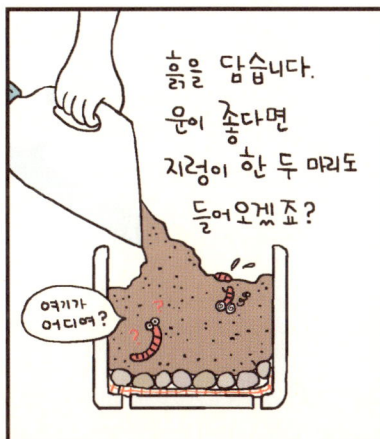

흙을 담습니다.
운이 좋다면
지렁이 한 두 마리도
들어오겠죠?

여기가
어디여?

파를 심어
주세요.

처음엔 힘이 없어서
옆으로 꺾어지거나 처져요.
끈으로 묶어 주세요.

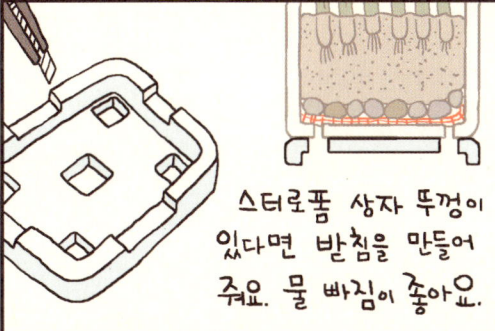

스티로폼 상자 뚜껑이
있다면 받침을 만들어
줘요. 물 빠짐이 좋아요.

옥상이나 베란다에 두고
필요할 때마다 잘라 먹으세요.

네
에

얼렁아
파 두 줄기만.

쓰레기 봉투값,
전기세,
파값 줄였다.
흐흐.

끝

97

천연 조미료 만들기

시작

국
지지개
김치
찜
나물

심지어
비빔밥에도

한숟갈 듬뿍.
웩!

온갖 음식에 빠지지 않는
맛의 제왕 "화학조미료"

알면 절대
못 먹는 것이
화학
조미료.

식품 첨가물 그것을 알려주마

설탕보다 500~700배 당도가 높은
사카린 나트륨은
빈혈, 신장 장애, 소화 장애.
방광암, 악성 종양의 원인이 될 수 있다!

돼지고기 100kg이 햄 130kg으로 바뀌는 이유.

석유에서 나오는 먹을거리.

화학조미료(L-글루타민산 나트륨)는
뇌 손상, 천식, 암과 연관성이 높고,
인슐린 합성에도 관여한다.
비타민 B6의 결핍을 초래하는데
비타민 B6의 결핍은 우울증, 자폐제,
저혈당, 과잉 행동, 면역 저하를
낳는다.

물김치엔 이걸 넣어야 나중에 끈적이지 않고 시원한 맛이 나는 게야.

조미료로 자식 키운 부모님 세대.

자꾸 먹으니까 입맛이 조미료에 길들여져서 그런 거예요.

이거 넣으면 나 물김치 안 가져 갈 테야.

대신 이걸 써. 미네랄이 풍부한 진짜 설탕이에요.

끈적여도 상관없어.

미네 코바늘 설탕

※생협에서 팔아요.

그러나 시댁 어른께서 주장하시면 참으로 난감하다.

조금 넣는 건 괜찮아.

몸에 안 좋다던데……

MSG

이거 저거 다 따지면 먹을 거 하나도 없다.

따져서 먹어야 하는데……

아토피는 먹을거리와 관계가 있으니,
화학조미료 절대 먹이지 마시오.

라고 의사 선생님께서 말씀하셨어요.

전문가의 권위를 빌리는 수밖에 없다.

안마 줘
명령이는 아토피

그럼 뭘 쓰냐?

후후후

천연 조미료를 만들어 쓰면 됩니다.

너무 쉽다.

유리로 된 꼬마 병을 모아요.

주스병보단 두유병이 더 좋아요.
주스병은 상표 떼어 내기가
어렵거든요.
천연 조미료는 쉽게 상할 수
있으니까 작은 병에 조금씩
담아 쓰는 게 좋답니다.

뚜껑을 꼭 닫고.

김에 있는 방습제를 넣어 두면 좋겠지요.

실온에는 조금씩만 두고 먹어요.

냉동실에 둬요.

병을 깨끗이 닦은 뒤,

앗! 뜨거워.

끓는 물에 넣고 푹푹 삶아서

물기 하나 없이 잘 말려 주세요.

멋스럽게 코르크 마개를 뚜껑 대신 사용하는 분들도 계세요.
(인터넷에서 사면 돼요.)

병목에 끈을 둘러 꾸미기도 하지요.

멸치

영양을 생각한다면 머리와 내장도 함께 갈아요. 쓴맛이 싫다면 내장은 빼고요.

다시마

오래 끓으면 국물이 끈적끈적해지니까, 가루를 내기보다는 잘게 잘라서 써 보세요.

제철 재료가 값도 싸고 맛, 영양가도 더 좋다.

새우

고소하고 달콤해요. 키토산이 풍부한 껍질까지 통째로 먹으니까 영양도 만점!

표고버섯

가을에 잘 말린 표고버섯을 쓰세요. 향과 감칠맛이 끝내줘요.

햇볕에 바싹 말린 재료를 구합니다.

눅눅하다 싶으면 프라이팬에 살짝 볶아 주는 재치. ☆

잘게 잘라서 절구에 찧어도 되고요.

양이 많으면 믹서에 곱게 갈아요.

가루가 덜 날리게 살살 부어 주세요.

페트병을 잘라 만든 깔때기

잘 안 내려갈 땐 젓가락으로 쑤시면 바로 뚫리니 탕탕 치지 마세요. 아까운 가루 날립니다.

북어 가루를 넣으면 국물이 탁해지지 않고 시원한 맛을 냅니다. 북어 머리도 국물 내는 데는 최고! ♥ 버리지 마세요!

쑥을 살짝 데친 뒤 바싹 말려서 갈아 주면 됩니다. 향기가 좋아요. 부침, 찌개에 넣요.

말이 필요없다! 화학조미료가 판을 칠 때쯤 밀리지 않았던 토종계 가루 님.

홍합만의 풍미가 있으나 빻기가 쉽지 않지요. 여러 번 돌리시라.

그래서 조금만 넣어도 충분해요. 물론 많이 넣어도 걱정 없고요.

한 봉지 가득 재료 → 빻으면 에게게

건과류도 훌륭한 조미료예요. 하지만, 기름이 많아서 상하기 쉬워요. 그래서 그때그때 조금씩 빻아서 쓰세요.

전 씹히는 질감이 좋아서 너무 곱게 갈지는 않아요.

끝

99

시작

머, 머, 먹고 싶어……

먹고 싶으면 사 먹을래?

식품 첨가물 많을까 봐 무서워.

아님, 내가 만들어 줄까?

만들 줄 알아? 알아? 알아?

당장 만들어줘

네, 네.

왕 쉬운 얼음 보숭이 만들어 봐요.

냠냠

친북용어닷

썰렁해.

도구

냉동고

거품기

대신

믹서

구멍이 송송 있는 건지개를 써도 됩니다.

오, 비싼 도구지만 다행히 우리 집에 있는 거군.

재료

대형 할인 매장에서 휘핑 크림이라고도 팔아요.

우유 한 잔

한 잔 생크림

설탕 한 잔

대신 꿀을 써도 좋아요. 단, 돌 안 된 아기는 꿀 안 돼요.

우유 한 잔 넣고

설탕은 두 숟갈 남기고 부어요.

설탕이 잘 녹게 살짝 데워 주는 재치.

※ 끓이지 마시오

다 녹았으면 식혀 주세요.

차가운 생크림을 한 잔 넣고 설탕을 두 숟갈 넣어 거품기를 한 방향으로 저어 줍니다.

설탕은 생크림의 1/10

10분쯤 저어 주면 뻑뻑해져서 쏟아지지 않아요.

식혀 놓은 설탕 녹인 우유를 붓고

잘 섞어 준 뒤

뚜껑 있는 그릇에 담아

100

냉동실에 얼리면 됩니다.

이게 다야?

세 시간쯤 지나 포크나 숟가락으로 꼼꼼히 긁어 주면 공기가 들어가서 더욱 부드러워져요.

여러 번 해 줄수록 좋아요.

그담엔 한 시간 간격으로 싹싹 긁어 주지요.

마술 같아.

신기해.

먹고 싶을 때 꺼내 먹으면 됩니다.

딸기 아이스크림이나 키위, 초코, 수박 아이스크림도 만들 수 있어?

지금 만든 걸 바탕으로 뭐든 만들 수 있지.

딸기 갈아 넣으면 딸기 아이스크림.

키위 갈아 넣으면 키위 아이스크림.

코코아 가루 넣으면 초코 아이스크림.

수박

단팥

나도 만들어 볼래.

집에 딸기 잼이 있으니까, 이거 넣고 해 봐.

이번엔 믹서로.

생크림은 부풀기 때문에 반 넘게 담지 마세요.

한 잔

중

10초만 돌려도 생크림 완성.

00:10

딸기 잼 여섯 큰술.

※ 잼을 넣을 땐 설탕 넣지 않음.

5초만 살짝 돌려 주세요.

00:05

우유 한 잔

골고루 섞어 줍니다.

꼭 믹서에 넣고 섞어야 해?

아니, 나중에 따라 붓기 쉬워서 그럴 뿐이야.

뚜껑이 있는 그릇에 옮겨 담은 뒤

냉장고로 출발.

냉동실에서 두세 시간 얼린 뒤

꺼내서 박박 긁어 줘. 또 한 시간 뒤에 긁어 주고.

아까보다 더 쉽네.

뭐야, 정말 맛있잖아!

딸기
키위
바나나
수박

먹고 남은 과일 있으면 아이스크림 만들어 봐요.

끝

101

엄마, 우리도 만들어 먹자♪

엄마아~

엄마아~

파는 건 몸에 안 좋대. 응?

날도 더운데 그만 좀 보아라.

엄마

시작

좋아줘!

더운 여름엔 즐겨 봐요

여러가지

얼음과자

장부터 보고와.

우유, 달걀, 설탕은 집에 있고, 생크림만 사면 되겠군.

대형 할인 매장

유제품

우유 / 요구르트 / 치즈 / 버터 / 휘핑크림 / 생크림 / 스페셜

어디서 팔지?

재료

제과점에서 거품 낸 걸 팔지만

손수 거품을 내면 휠씬 싸.

바로 이것들.

회사마다 이름이 다르지만, 비슷한 거야.

생크림

휘핑크림

휘퍼크림

성분 표시를 잘 살펴보고 고르는 게 중요해.

식품 첨가물을 줄여야 엄마표답지.

성분: 유크림(우유) 100%

성분: 유크림(우유) 92%

이건 뭐야? 파리약 같이 생긴 통이네.

휘핑크림

질소 가스를 넣어 누르면 생크림으로 부풀어 나오는 건데 포장에 냉바가 심해서……

흠

생크림 1000㎖

이왕 살 거 큰 걸로 살까?

여름 내내 두고 두고 쓰게.

열면 유통 기한이 하루

하루? 너무해.

유지방이 많이 들어서 그런 거야.

아이스크림 만들어서 냉동실 넣으면 괜찮아.

생크림은 꼭 우유로만 만드는 거야?

아니. 식물성 생크림도 팔아요.

동물성(우유)에 비해 반값.

유통 기한도 길다.

거품도 더 잘 올라오고

색도 더 하얗고

올라온 거품이 잘 꺼지지도 않고.

식물성 생크림

그래서 제과점에선 요걸 섞어 쓴다우.

대신 트랜스 지방과 이런 저런 식품 첨가물을 각오해야 해요.

앗-

102

우유에 설탕을 녹이고 나서 **달걀**을 넣기도 해요.

달걀의 레시틴 성분이 우유와 지방을 잘 어울리게 해 주거든요.

노른자와 흰자를 다 넣기도 하고

노른자만 넣기도 하고

노른자는 섞어 넣고,

흰자는 거품 내서 넣기도 합니다.

←요걸 **머랭**이라 부릅니다.

어쩌면 좋노!

?

믹서 살 때 받은 거품 날이랑 좁은 용기가 어딨는지 모르겠어.

사용 설명서

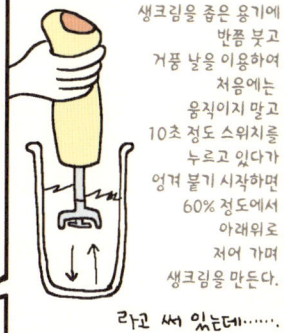

생크림을 좁은 용기에 반쯤 붓고 거품 날을 이용하여 처음에는 움직이지 말고 10초 정도 스위치를 누르고 있다가 엉겨 붙기 시작하면 60% 정도에서 아래위로 저어 가며 생크림을 만든다.

라고 써 있는데……

그냥 보통 날도 쓸 만하니까 걱정 마시라.

생크림은 그릇이 차가워야 거품이 잘 난대요. 그릇 밑에 얼음물 담은 그릇을 하나 더 준비할까요?

아주 아주 아주 더울 때나 그렇게 하고

그릇이나 깨끗이 닦고 하시죠.

왕창 넣고 시작해 볼까나?

설탕

나눠 넣어.

한 번에 많이 넣고 돌리면 거품이 잘 안 날 수도 있어요.

생크림 거품의 뿔이 휘지 않고 서 있으면 생크림 완성.

식혀 놓은 설탕 녹인 우유를 생크림에 붓고

거품 낸 흰자(머랭)가 있으면 그것도 넣어 주고, (없으면 말고)

살살 저어 준 뒤

뚜껑 있는 통에 넣고 얼립니다.

두세 시간 뒤에 박박 긁는 건 너희들도 같이 해 보자.

네

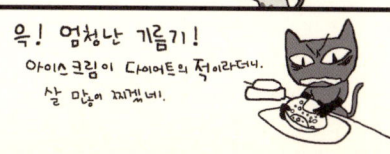

욱! 엄청난 기름기!
아이스크림이 다이어트의 적이라더니.
살 많이 찌겠네.

103

과일 아이스크림

과일 안에 물이 많이 들어있어서 만들면 아삭거리고 시원한 맛이 납니다.

재료

- 생크림 한 잔
- 우유 한 잔
- 설탕(물엿) 한 잔
- 넣고 싶은 과일

설탕을 녹인 우유는 차갑게 식혀 놓고

생크림은 거품을 내 놓아요.

과일은 믹서로 잘 갈아 둡니다.

모두 넣어서 골고루 섞고

냉동실에 넣고 얼리면 됩니다.

두세 시간 뒤부터 박박 긁어 주는 거 잊지 마세요.

신맛은 차가울수록 더 많이 시게 느껴지고요.

아이셔.

단맛은 얼리면 덜 달게 느껴져요.

녹차 아이스크림

녹차 가루를 넣을 때 절대 많이 넣지 마세요. 맛이 써져요.

재료

- 생크림 한 잔
- 연유 반 잔
- 우유 작은술 둘
- 녹차 가루 작은술 두 개 반

우유에 녹차 가루를 잘 개어 주고

연유

갠 녹차에 연유를 잘 섞고

거품 낸 생크림.

이 둘을 넣어 골고루 섞고

냉동실에 넣고 얼리면 됩니다.

연유 넣기 싫으시면 우유 반 잔에 설탕 반 잔을 녹여 연유 대신 쓰면 됩니다.

요렇게 넣어 만들어도 맛있어요.

- 생크림 한 잔
- 설탕 한 잔
- 우유 한 잔 반
- 달걀 노른자 네 알
- 녹차 작은술 두 개

통단팥 하드

하드는 손잡이를 잡고 먹어야 기분이 나는 것 같아요. 셔벗 틀을 사실 거면, 틀이 따로 떨어지는 게 좋아요. 여섯~여덟 개가 통으로 묶여 있는 건 냉동실 자리를 많이 차지해 불편하더군요.

재료

빙수 팥 - 한 잔
우유 - 한 잔
생크림 (없어도 됨) - 1/3 잔

셔벗 틀
없으면 얼음 얼리는 틀

빙수 팥과 우유를 넣고 열심히 섞어 줍니다. 원하면 생크림과 설탕 두세 큰술 넣어도 되겠지만 살찜.

틀에 붓고 냉동실에 얼림.

우유
팥물
팥

가끔씩 흔들어 주지 않으면 삼층바 됨.

가끔은 깨물면 뽀싸삭 깨지는 하드 느낌이 그리워.

하드라면 내게 맡겨.

수박바 바나나 바

수박 다 먹기 힘들 때, 바나나 썩어 나갈 만큼 많이 생겼을 때 바로 만들어 보세요.

재료

수박
바나나
나무 막대기

수박을 먹기 좋게 잘라 줍니다.
보이는 씨는 빼 줍니다.
바나나는 껍질을 벗깁니다.

너무 맛없는 수박이라면 설탕을 뿌려 줍니다.

막대기를 꽂아서 비닐을 씌워 얼립니다.

나무 막대기는 어디서 났어?

가게에 가면 나무로 된 아이스크림 숟가락 있어. 없으면 파는 하드 먹고 나면 생기잖아.

되게 쉽네요.

살도 안 찌겠어.

길바닥을 잘 보면 떨어져 있는 막대기가 많던데......

그건 아니지......

두부 아이스크림

채식주의자들이 좋아하는 두부 아이스크림.
진한 두부 향과 미끌거리는 감촉이
독특해요.

재료

두부 한 모

단것 네 큰술
물엿이나 꿀, 잼.

두유 한 잔
→ 두유는 넣지 않아도
됩니다.
식품 첨가물이
들어간 두유라면,
차라리 넣지
마세요.

참외 한 개
대신 멜론이나 바나나도 좋아요. 없어도 되고요.

두부를 깍둑썰기 합니다.

참외나 멜론이 있다면 씨를 빼고 깍둑썰기 하세요.

재료를 모두 넣고 갈아 줍니다.

얼음 얼리는 틀에 넣고 얼립니다.

먹고 싶을 때 꺼내서 믹서로 갈아서

시원하게 먹으면 끝. ♡

두부를 데친 뒤에 만들면 간수가 빠져서 더 좋아요.

딸기 셔벗

딸기 쌀 때 듬뿍 얼려 두시면
한여름 별미예요. 얼릴 때 덩어리로 뭉쳐지지
않게만 조심하세요.

읔! 안 떨어져.

재료

얼려 놓은 딸기

얼린 바나나 (없어도 됨)

단것 조금

우유나 물 조금

재료를 몽땅 넣고 갈아 줍니다.

그릇에 예쁘게 담아 먹으면 됩니다.

얼린 딸기에 매실 효소만 넣고 갈아도 아주 맛있어요.

무가 가장 좋은가요?

유지방 듬뿍 들어가서 입에서 사르르 녹는 아이스크림요.

난 꾸_

살 안 찌는 하드!

건강에 좋은 두부 아이스크림이 맘에 드네요.

고구마 아이스크림

집에 고구마 쌓여 있는 분들, 고구마 썩히지 말고 얼른 아이스크림 만드세요.

재료
- 찐 고구마
- 두유 또는 우유 반 잔
- 단것 두세 숟갈

찐 고구마를 적당히 자르고

재료를 모두 넣고 갈아 줍니다.

통에 넣고 두세 시간 얼린 뒤 먹어요.

단호박 셔벗

재료와 만드는 법 모두 착해요. 우유, 달걀, 콩에 알레르기가 있는 분께 추천해요.

재료
- 단호박
- 단것
- 꿀이나 설탕 또는 물엿.

단호박을 쪄서

물엿을 넣어 갈아 주고

통에 넣고 얼립니다.

먹기 전에 미리 꺼내서 살짝 녹은 뒤 드세요.

숟가락으로 긁어 먹는 재미가 쏠쏠해요.

쭈쭈바

아이가 쭈쭈바를 사 달라고 조를 때 요렇게 만들어 놓으면 고민 끝!

재료
- 과일
- 단것
- 깔때기
- 쭈쭈바 껍질

쭈쭈바 껍질을 깨끗이 헹궈 놓고

썰어 빻은 과일과 단것을 넣고 갈아서

껍질에 넣어 얼립니다.

끝

  이쯤 되면 무더운 여름 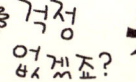 걱정 없겠죠?

 아, 팥빙수 먹러 싶다.

 ...... 오예?

시작

팥빙수 팥빙수
팥빙수가
먹고 싶어라.

오, 드문 일.

내 그럴 줄 알고
미리 팥 앙금을 만들어
놓았지.

으아아아

무슨 일이야?

내 팥 앙금이!
내 고귀하신 팥 앙금이!

어 어 어

곰팡이로
뒤덮였어!

원래 팥이
잘 상하잖아.
다시 만들면 되니까
그만 울어.

찡 이 찡

다시
만들긴
뭘 다시
만들어!

이 더위에 팥 삶는 게 쉬운 줄
알아? 한 시간 넘게 불 옆에
서서 물 붓고 체에 거르고
앙금 내리고
얼마나 덥고, 팔 아프고,
힘든 줄 아냐고!

진정, 진정, 진정해.
그렇게 힘들이지 않아도
팥소 만들 수 있는 법
가르쳐 줄게.

푸쉬쉬

쉽게
팥소 만들어 보아요.

뭐야, 그런 건
진작에 알려 줬어야지!

준비물

팥

믹서

압력솥

팥소: 팥을 삶아서 으깨거나 갈아서 만든 것.
떡이나 빵 따위의 속으로 넣는다.

① 씻은 팥에 물을 넉넉히 붓고 팔팔 끓입니다.

물을 따라 버립니다.

이렇게 해야 떫은맛도 없애고, 배앓이도 피할 수 있대요.

바로 팥에 들어 있는 '사포닌'이란 성분 때문이지.

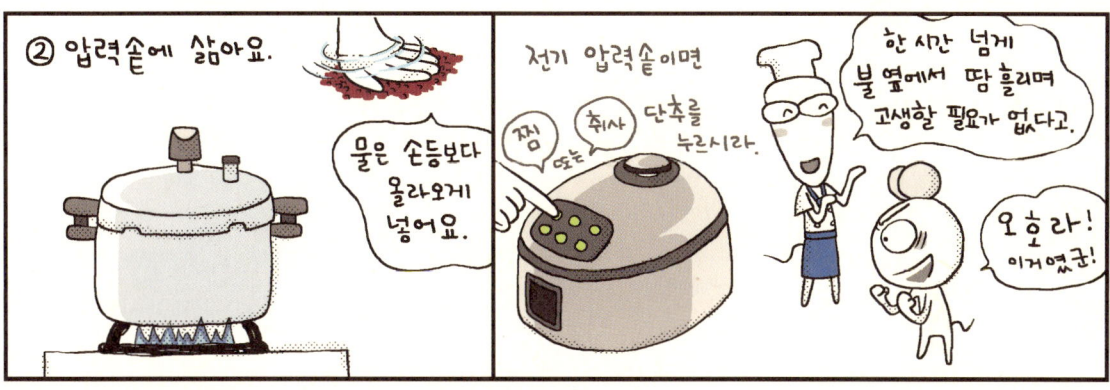

② 압력솥에 삶아요.

물은 손등보다 올라오게 넣어요.

전기 압력솥이면

찜 또는 취사 단추를 누르시라.

한 시간 넘게 불 옆에서 땀 흘리며 고생할 필요가 없다고.

오호라! 이거였군!

③ 믹서로 갈아 줍니다.

뻑뻑하면 물을 조금 넣으세요.

짧게 갈면 통팥.

오래 갈면 부드러워요.

어? 앙금을 따로 안 내려?

응!

껍질째로 먹어야 팥에 있는 영양소를 제대로 먹는 거야. 곱게 갈면 먹을 만하다고.

팥소를 달게 만들고 싶다면 설탕을 원하는 만큼 넣어 주면 됩니다.

녹아라, 녹아라.

설탕

팥소가 식었다면 데워 주세요.

④ 식은 뒤 병에 넣고 먹으면 됩니다.

유통 기한 : 일주일

헉! 이렇게 짧게 팥을 수가!

이걸 다 일주일 안에 어떻게 먹어?

일주일 먹을 치만 빼놓고 나머진 비닐봉지에 넣어.

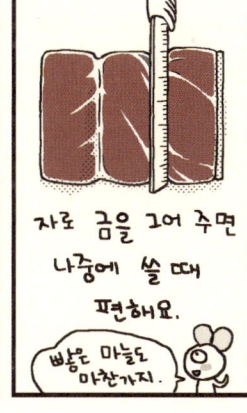

자로 금을 그어 주면 나중에 쓸 때 편해요.

밥은 마늘도 마찬가지.

냉동실에 얼려 두고 필요할 때 녹여 먹으면 됩니다.

109

시작

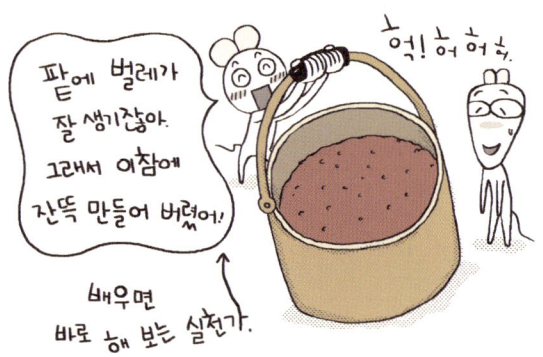

팥에 벌레가 잘 생기잖아. 그래서 아침에 잔뜩 만들어 버렸어!

헉! 허허허허.

배우면 바로 해 보는 실천가.

잔뜩 생긴 팥소 어디에 쓸까요?

설탕이 안 들어간 팥소라면?

팥죽 이나 팥 칼국수가 딱 좋지.

오

팥소에 물을 적당히 넣고 팥이 눋지 않게 저어 주면서 끓입니다.

대체 '적당'이 뭐냐고!

그게, 팥소의 진하기와 먹는 이의 입맛 따라 다 달라서……

취향 따라

동네 따라

찹쌀 불린 것을 넣어 끓이거나

찹쌀가루를 익반죽한 새알심을 넣거나

칼국수를 넣어 익히면 됩니다.

입맛에 맞게 소금이나 설탕을 뿌려 드셔도 좋아요.

이렇게 단순하다니…….

덤으로 몇 가지 비법 알려 줄까?

새알심 따뜻한 물에 소금을 조금 넣어 익반죽하면 더 맛나요.

찹쌀 없으면 그냥 쌀을 불려서 넣어도 괜찮아요.

칼국수 미리 끓는 물에 살짝 익혀서 찬물에 헹궈 놓았다가 팥 국물에 넣으면 밀가루 냄새도 안 나고 쫄깃해요.

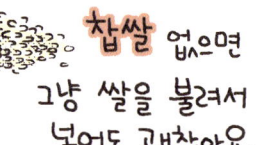

설탕이 들어간 팥소로는 못 만들어?

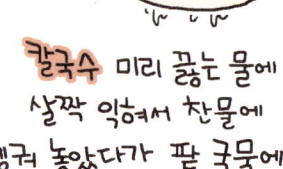

왜? 달콤한 단팥죽이 되는 거지♥

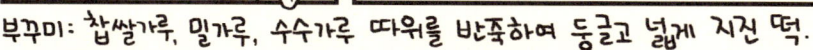

아, 시원하게 내려라!

짠! 쪼주

내리고……
내리고……
내리고……
또 내리고
……

으. 찝찝.
끈적.
눅눅.

이제 좀
그만!

앗싸!
해님
떠섰다!

습기 먹은
이불부터
널어 주고.

뒷산으로
산책
가자.

야, 물기 먹은 들꽃들! 싱그럽다.

와!
예쁘다.

112

엄마, 옆집 할머니.

할머니, 안녕하세요.

안녕하세요.

얼렁이구나?

인사 잘하는 딸 덕분에 같이 인사하는 곰작부인.

엄마, 이 꽃 이름이 뭐야?

개망초라고 하는데 엄마 어릴 땐 달걀 꽃이라고 불렀어.

왜?

달걀 부침 닮았잖아.

그런데, 여기서 뭐 하세요?

개망초 순 꺾고 있어. 비 오고 나서 여기저기 새순 올라왔길래,

나물 해 먹으려고 그러지.

왜요?

달걀 꽃 달걀 꽃

네? 개망초로 나물할 수 있어요?

나물뿐 아니라 된장국에도 넣어 먹고, 김밥에 시금치 대신 넣기도 하지.

데쳐서 생선 조릴 때 밑에 깔아도 되고.

예쁜 꽃이 맛있는 음식으로 보이는 공작부인.

애기 엄마도 나물할 텨? 봉지 줄까?

고맙습니다.

냉큼

나물할 거면 새로 난 순 위쪽을 끊어야 해.

꽃 안 핀 것으로 골라서.

넵!

랄라랄라♪

만충에 뜯어 말려서 묵나물을 만들어 볼까?

엄마, 잎 속에 꽃봉오리가 들어 있어.

앗! 그런 게 숨어 있을 줄 몰랐네.

어쩌지?

싫으면 그냥 떼어 내면 되지.

아하!

뚝뚝

꽃은 먹으면 안 되는 거예요?

먹기도 해. 튀겨 먹기도 하고, 말려서 물에 우려내 차로 마시기도 하지.

얼렁아! 꼭 찾아. 아빠한테 가져다 드리자.

먼저 갈게요.

역시 인사성 밝은 얼렁 양.

114

개망초를 깨끗이 물에 씻은 뒤,

끓는 물에 살짝 데쳐서,

찬물에 다시 헹구고,

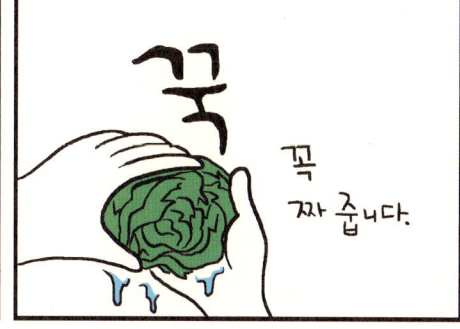

꾹

꾹 짜 줍니다.

소금

파

깨

간장

이것저것 입맛에 따라 양념을 해 줍니다.

접시에 담아

맛있게 먹어요.

이야. 동네 길에 먹을 게 널려 있었다니!

어쩌다 이런 기특한 정보를 물어 왔어?

쌈 싸 먹을 때 같이 넣어 먹어도 짭싸름하니 맛나.

라고 옆집 할머니가 말씀하셨대요.

115

시작

입맛 돋우는 새콤달콤 초절임

말복이라 닭이 많이 나왔네. 백숙이나……

엄마.

또 백숙 하시게요?

응!

복날에는 닭으로 음식을 해서 건강을 챙기는 사람이 많거든.

그건 아는데요.

세상에 닭 요리가 얼마나 많은데 복구한 날 백숙만 하냐고요!

복구한 날은 아닌데…… ㅇㅇ

아, 그거! 엄마가 할 줄 아는 게 백숙뿐 이거든.

너무해.

그래서? 먹고 싶은 게 뭔데?

치킨!

그래. 치킨 요리 가운데 뭐 먹고 싶냐고!

저기 저기 치킨집에서 파는 치킨!

응응분

저기 닭집에서 파는 닭! ㅇㅇ

아, 닭튀김!

응! 닭튀김!

바로 그거요.

근데, 뭘 들고 있는 거야?

이거?

기름진 음식과 찰떡궁합!
여름철 입맛 살리는 밥도둑!

초절임

와~~~아

까, 아이 셔!

어때 내 솜씨?

초절임 오이 실컷 먹어 보는 게 소원이었는데, 원 풀었다.

와 작!

통으로 내놓으면 너무 헤프게 없어지니 나머지는 얇게 잘라서.

맛있다. 어떻게 만든 거야?

재료

백오이

정향

피클에서 나는 독특한 냄새를 나게 하는 향신료.

없어도 됩니다.

식초 : 물 : 설탕 : 간장
1 : 1 : 1 : 1

간장에 따라서 더 짜고, 덜 짠 게 있으니까 짠 기가 많으면 조금 적게 넣으세요.

그밖에 냉장고에 굴러다니는 자투리 채소를 함께 넣어 주어도 좋아요.

오이를 깨끗하게 씻어 물기를 뺍니다.

냄비에 물, 식초, 간장, 설탕을 넣어요.
정향도 찻숟갈로 두세 숟가락 넣으세요.

뚜껑 닫고 끓입니다.

맛국물이 끓을 동안 오이를 자릅니다.

다른 자투리 채소도 같이 잘라 놓아요.

서너 조각으로 잘라도 되고

어슷썰기 해도 좋아요.

아삭 아삭한 느낌이 오래감.

빨리 절여짐.

국물이 끓으면 불을 꺼 주세요.

조심조심 오이를 넣으세요.

오이가 위로 뜨지 않게 누름돌로 눌러 주세요.

우리 집에 누름돌이 있었나?

안 쓰는 유리 접시로 눌러 줬지.

묵직

언제 먹을 수 있어?

어슷썰기 한 거는 오늘 저녁부터?

그렇게나 빨리?

초절임 오이 넣을 병을 잘 씻어, 뜨거운 물로 헹군 뒤 말려 놓아요.

조심!

국물이 식었으면 오이를 병 속에 넣고

야, 새콤한 냄새.

국물을 부어 채운 뒤

뚜껑을 닫아요.

끝!

야, 멋져! 멋져!

근데, 국물이 많이 남았네. 아깝다.

아, 그거!

남은 국물을 끓이고,

무나 양파를 썰어요.

무

양파

무 초절임♥

양파 초절임♥

오이처럼 하시면 돼요.

방부제 넣지 않은 초절임이니, 빨리 드시는 게 좋아요.

일주일쯤 지나 국물만 따라서 끓인 뒤

다시 부어 주면 잘 상하지 않죠.

불린 콩을 시루에 넣고 하루에 다섯 번쯤 물을 듬뿍 주면 끝♡

하루 다섯 번! 말이 쉽지. 직장 다니는 사람은 못 한다고!

세 번만 줘도 기를 순 있으니 걱정 마.

회사 갈 때 집에 왔을 때다 잘 준비할 때.

검은 천을 덮어 놔야 노란 콩나물을 먹을 수 있어요.

검은 천이 없으면 까만 비닐봉지도 쓸 만해요.

전부터 궁금했는데 초록색 콩나물은 왜 안 먹어? 독이 생겨?

먹어도 상관없어. 다만 광합성을 하면 수분이 줄어들어서 질겨져서 그래.

일주일 지나면 콩나물 농사 완섭.

쪼짜

잔

이야......

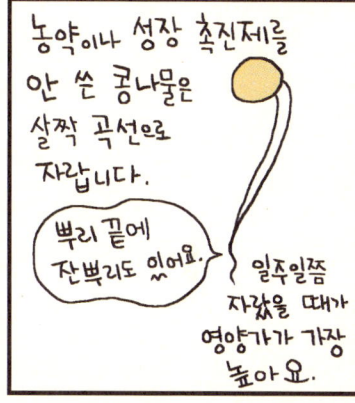

농약이나 성장 촉진제를 안 쓴 콩나물은 살짝 곡선으로 자랍니다.

뿌리 끝에 잔뿌리도 있어요.

일주일쯤 자랐을 때가 영양가가 가장 높아요.

기르다 보면 콩나물 콩에서 지독한 썩은 내가 나곤 합니다.

온도가 너무 높거나 환기가 안 되면 콩이 썩기 쉬워요.

콩에서 싹이 날 때 열이 생긴답니다.

자주 물을 줘서 식혀 주는 게 좋아요.

그러니까...... 전업주부만 키울 수 있는 거 아니냐고.

하루나 이틀에 한 번씩 소쿠리에 담아 헹궈 준 뒤 다시 시루에 넣으면 냄새날 일이 적어요.

1분밖에 안 걸려.

음...... 그래 한번 보자.

근데, 갑자기 컴퓨터는 왜?

콩나물을 키우려면

콩나물 재배기를 사야할 거 아냐.

황토나 자기로 만든 재배기가 있다면 물론 좋겠지만.

집에 있는 물건을 써도 돼.

쓸 만한 게 없으면 만들 수도 있지.

재료비는 공짜.

공짜!

끝

시작

우유

콩나물 재배기

떡시루가 있으면 딱 좋을 텐데……

너무 커서 날마다 콩나물만 먹어야 할걸.

우리는 세 식구

준비물

페트병 2개

송곳

맥주 페트병(갈색)이 있다면, 그걸로 만들면 더 좋아요.

빛을 막아 주니까요.

맥주

그래? 내친김에 우리 맥주나 사다 먹을까? 페트병도 구할 겸.

안 돼. 구하면 좋겠지만, 일부러 사 먹을 필요는 없어.

맥주 페트병은 다른 페트병과 달리 여러 불순물이 섞여 있어서 재활용하기가 쉽지 않대. 그리고 병 맥주보다 값도 비싸.

더 비싸?

환경 부담금 때문에.

PET

자, 이제 만들어 볼까요.

잘라 봅시다.

여기

③ 덮개(없어도 됨.)

여기

① 콩 넣는 시루

여기

② 물 받는 통

물이 잘 빠지게 시루 바닥에 구멍을 뚫어요.

①

뜨겁게 달궈서 하면 잘 뚫려요.

물 받는 통 위에

① 콩 넣는 시루 ②

시루를 엎고

검은 천을 씌우면 됩니다.

덮개를 올리면 콩나물이 더 통통하게 자란다네요.

③

갈색 페트병에 기르면 검은 천이 없어도 되는 거야?

아냐. 갈색 병이 빛을 모두 막는 건 아니니까, 검은 천이 있어야 해.

물을 자주 못 주면 가제 수건을 물에 적셔 콩 위에 덮어 주면 좋아.

흐이이음...

저기!
퍼트병이 한 개밖에 없으면?
뭐도 약에 쓰려면 없다더니.

퍼트병 한 개로 만들어 보아요.
대신 양파 망이 있어야 해요.

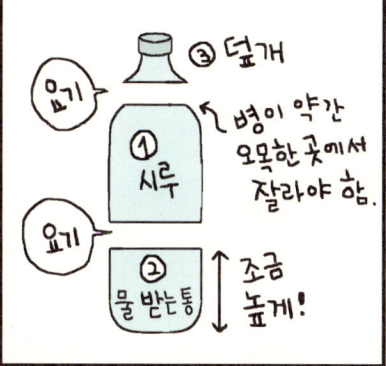
요기
① 시루
③ 덮개
병이 약간 오목한 곳에서 잘라야 함.
요기
② 물 받는 통
조금 높게!

① 시루를 거꾸로 세워 양파 망을 시루통 속에 넣은 뒤
남은 윗부분은 통 바깥으로 뒤집어요.

고무줄로 고정.
② 물 받는 통 위에 얹으면 끝!
양파 망 밑으로 콩나물 뿌리가 많이 자라므로 물 받는 통이 낮으면 뿌리가 썩어요.

잉. 만들기 귀찮아, 귀찮아.
사 놓고 처박아 둔 콩나물 콩.

그냥 까만 비닐봉지에 구멍만 뚫고 키워도 돼요.
오, 이건 할 만하네.

근데 퍼트병이나 비닐봉지는 어쩐지 마음이 안 놓여.
혹시 환경 호르몬 나오는 거 아닐까?
악...
그건 아직 실험해 보질 않아서......

우유갑에 구멍 내서 기르기도 해요.
요령이 없어서 그런가?
우유
구멍 난 곳이 물러지고 통풍이 잘 안 돼서 전 별로던데.

플라스틱 아님.
그래서 난 작은 화분에 삼베를 깔아서 키워.
물도 정수기 물을 쓰지.
어떤 방법이든 사 먹는 것보단 안심이겠죠?
콩나물! 도전해 보자고요!

끝

123

프라이팬에
올리고당을 붓고
끓입니다.

올리고당

약불

물엿이 집에
있는데, 이건
안 될까요?

물엿에 설탕을
⅓쯤 넣어
끓여도 돼.

물엿만 넣으면 잘
굳어지질 않더라고.

올리고당이 끓으면
불을 끄고 튀밥을
넣어 줍니다.

견과류나 깨를
같이 넣어도
맛있어요.

굳어지기 전에
재빨리
뒤집어
섞어
주세요.

평평한 곳에
비닐을 깔고, 잽싸게
튀밥을 깔아 줍니다.

그 위에 비닐을
덮어 주고,

밀대로 밀거나,
주걱이나 손바닥으로
꾹꾹 눌러 줍니다.

아이들과 손으로 주물러
모양을 만들어도 재밌어요.

쿠키 틀에 넣어도
예쁘고요.

명절에 해 가면
반응
좋아.

세상에
공작이가 만들어
한과를 왔어.

뭐여?

차례상에 올릴 것도
있고, 애들 머을 것도
만들어 왔어.

설 때도
만들어 올 거지?

끝

125

겨울엔 귤껍질이 넘쳐나요.

와! 귤이다.

맛이 좋아.

어서 먹자.

짜잔!

씻은 귤은 처음 봐.

귤에 뭐가 묻어 있었어?

아니! 오히려 깨끗한 편이지.

전라남도농산물 인증
유기농

보라고! 유기농 표시.

유기농 귤이라 껍질도 다시 쓰려고 한 번 씻어 줬지.

먼지도 없앨 겸.

그래? 그럼 알맹이만 먹고 껍질은 뚝딱 남겨 주면 되는 거지?

냠

어딜 더러운 손으로!

손 씻고 와!

126

굴껍질을 깨끗한 가위로

쌱둑

그냥 쓰면 안 돼? 꼭 잘게 잘라야 해?

그냥 써도 돼. 난 잘 마르고 잘 우러나라고 자르는 것 뿐.

소쿠리에 넓게 펴 바람 좋은 곳에서 말려요. 꼭지 빼고!

언제쯤 먹을 수 있을까?

지금 당장도 마실 수 있어. 너무 수북하다. 이거에다 나눠 넣자.

팔팔 끓인 물에 굴껍질을 넣고

뚜껑 닫고 우려나길 기다려요.

말린 껍질은 첨부터 물에 넣고 끓여.

이건 왜 안 자르고 통째로?

아, 그게 귀찮아서 ......

자, 마셔 보자고.

웩! 뭐야? 달지 않아!

하하, 이건 굴 차가 아니라, 굴껍질 차라고.

보리차랑 비슷한!

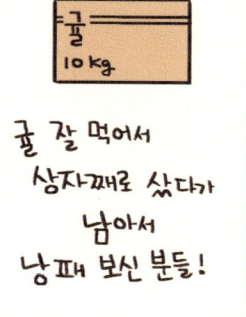

굴 10kg

굴 잘 먹어서 상자째로 샀다가 남아서 낭패 보신 분들!

유기농 아니면 껍질은 깨서 버리고.

+ 설탕

굴을 네 조각으로 자르고, 설탕을 같은 양으로 번갈아 켜켜이 쌓으면 굴청이 됩니다.

석달 ~ 여섯 달

절대 상한 것은 넣지 말 것!

석 달 지나 건더기는 갈아서 설탕 넣고 졸이면 맛난 굴 잼!

굴껍질이 아주아주 바싹 마르면 투명한 데에 보관.

곰팡이 조심!

굴껍질은 목욕할 때 넣어도 좋아요.~

이끼면 상해요.

끝

127

④ 끓이기

비지 걸러 낸 콩물을 눋지 않게 저어 줍니다.

콩물을 끓다가 순식간에 화르르 넘치니까, 딴짓 마세요.

콩물이 화르르 올라오면, 바로 약불로 줄이고 5분쯤 더 끓여 주세요. 불을 끄고 열기를 식힐 동안 염촛물을 만드세요.

⑤ 염촛물 넣기 (간수 대신)

두세 차례 나누어 넣으세요.

30분쯤 지나면 순두부로 변신.

간수 대신 넣을 염촛물(소금 식초물) 만들기

소금 한두 큰술
식초 두세 큰술
물 한두 잔
머그잔

입맛 따라 비율을 조절하세요.

내가 잘 섞이게 저어 줄까?

아니! 휘저으면 오히려 엉긴 게 풀어져.

⑥ 굳히기

물 잘 빠지게 찜기를 놓고

찜기 위에 채망을 올려요.

채망 위에 면포나 베 보자기를 깔고

뭉글뭉글 엉긴 순두부를 넣은 뒤

보자기를 덮고 무거운 것으로 눌러 둡니다.

짧게는 한 시간, 길게는 하룻밤.

포슬 물렁
단단 꼬들

⑦ 완성

마, 마, 마술 같아♡

너무 짜거나 쓰면 물에 담가 둔 뒤에 먹으면 됩니다.

콩물 짜고 남은 콩 찌꺼기는 버릴 거지?

찌꺼기가 아녀! 그게 영양 덩어리 콩비지여!

비지 찌개나 부침개 해 먹으면 별미라고.

끝

129

6월은  담그는 달

망종 지난 뒤에 딴 것으로♡

우리 집 매실 발효액.

추울 때 미지근한 물에 타서 마시고,

55℃ 보다 낮아야 효소가 죽지 않는대요.

더울 때 시원한 물에 타서 마시고,

요리할 땐 설탕 대신.

요구르트에 섞어 먹고,

두유에 타서 먹고,

미숫가루에 넣어 먹지요.

네가 없었다면 그 많은 식품 첨가물 청량음료를 무슨 수로 막아 냈을 거냐.

먹어 줘.

먹어 줘.

먹어 줘.

고맙고도 고마운 매실 발효액.

그럴까?

엄마. 우리 매실 주스 마셔요.

따리리리

네, 여보세요.

애미냐? 나다.

어, 어, 어머님!

안 그래도 제가 전화 드리려고 ......

하이고. 니 전화 기다리느니 미나리 꽃 피길 기다리지.

벌떡

매실 주스 : 얼렁이가 물에 매실 발효액을 탄 음료수를 부르는 말.

아잉. 진짜 전화 드리려고 했는데.

엄마. 그거 행주야.

됐고. 주소나 불러라.

매실 5kg 착불이다.

두둥

어, 어, 어, 어쩌지?

어쩌긴. 우리가 만들어 먹으면 되지.

10년이나 날름날름 받아만 먹긴 죄송스럽잖아.

갑자기 매실을 보내시다니……

내가 전화를 너무 안 드려서 삐치신 걸까?

아니면, 뭔가 실수를 했나?

또르르릉

여보세요. 아, 동서.

형님. 형님네도 매실 도착했어요?

으, 음……

형님네는 뭐 만드실 거예요?

우리야 뭐, 뻔하지. 매실 발효액.

혹시 더 필요하시면 매실 나눠 드릴까요?

저희는 발효액 많이 남아서 고추장 장아찌 만들려고요.

아, 아, 아니! 괜찮아!

근데, 있잖아. 왜 갑자기 어머님께서 매실을 보낸 걸까? 동서 알아?

아, 그거요, 올해는 복분자 농사로 바쁘시대요.

전화 자주 드리는 착한 며느리.

동서네는 고추장 장아찌 만들어 먹을 거래.

음, 그것도 좋겠다.

흑, 어쩌지, 어쩌지?

으이구. 어머닌 자식 네 명 걸 혼자서 10년이나 만드셨는데,

힘 좋은 우리가 우리 거만 만드는데 뭘 못해? 자신감을 갖자고.

꿈

준비물

흑설탕은 유기농 설탕이 아닙니다. 되도록 쓰지 마세요.

담을 그릇

설탕
매실과 같은 양

옹기가 좋지만 비쌉니다. T_T

저는 그냥 유리 단지에 담았네요.

무농약 매실
(풋매실보다는 잘 익은 황매가 좋아요.)

유통 기한 겨우 이틀!

황매는 청매에 비해 빨리 물러지니 서둘러 만드셔야 함.

깨끗하게 목욕 시키고.

청매라도 빨리 안 드세요. 상해요.

물기를 쫙 빼고 보송하게 말리세요.

곰팡이 비켜!

다 마른 뒤에 소주를 뿌려 소독하기도 해요.

쓴맛 저리 가.

이쑤시개

잘 마른 매실에 달린 꼭지를 떼 줍니다.

담을 그릇을 깨끗하게 소독해 주세요.

옹기라면 깨끗하게 닦은 뒤 가스레인지 약불에 15분쯤 엎어 놨다 식히면,

물기도 날아가고 소독도 됩니다.

플라스틱이나 유리 그릇은 그냥 소주를 뿌려 소독.

칙칙

응

설탕 1/4쯤은 따로 챙겨 두고

나머지 3/4 설탕과 매실을 번갈아 넣어요.

쌀뜬물 발효액이 있으면 조금 넣어 주어도 좋아요.

반찬

없으면 넘어가세요.

덜어 놨던 설탕으로 두껍게 덮어 줍니다.

깨끗한 한지나 천으로 덮고 끈으로 묶습니다.

공기가 통해요.

2014. 6. 20.
매실
거르기:9. 30.

그리고 잊지 말고 날짜를 적어 놓으세요.

햇볕이 들지 않는 서늘한 곳에 둡니다.

검은 천이나 봉지로 빛을 막을 수도 있어요.

보름쯤 지나면 설탕이 잘 녹게 저어 줍니다.

요건 안 하시는 분들도 많아요.

밀폐된 뚜껑이면 가끔씩 열어 가스를 빼 주세요.

살짝.

펑.

안 끄면 이렇게 될 수도!

100일 지나면 매실이 쭈글쭈글한 껍질과 씨만 남아요. 발효액을 걸러 줍니다.

흰 곰팡이는 좋은 균이니 걱정 마세요.

100일 지나면 꼭 걸러야 해? 더 오래 둬야 좋을 것 같은데.

듣기론 매실 씨앗에 있는 독성분이 나오기 전에 꺼내는 거래.

독?

식물은 자기를 보호하기 위해 아미그달린이란 물질을 갖고 있는데, 맹독은 아니고, 100일쯤 발효시키면 괜찮다고도 하고.

걱정되면 빼지 뭐.

처음부터 씨를 빼고 매실 살만으로 담글 걸 그랬나? 독성 걱정 없게.

귀찮지만 않다면, 그 방법이 좋지. 매실 장아찌 만들기도 좋고.

설탕도 적게 들고

많은 사람이 마시는 매실 발효액인데, 실험을 해서 제대로 된 정보가 있으면 좋겠다.

과학이 모든 걸 밝힐 수는 없지만, 그래도 검증된 내용이 있으면 좋을 텐데.

매실을 뺀 발효액은 오래오래 두고두고 마시면 됩니다.

애지중지

매실 건더기, 버리자니 아깝다.

뭘 모르시는 말씀!

고맙다. 매실아.

'버릴 게 없는 매실'이란 말 몰라?

매실 살을 발라서

밥도둑

고추장 무침

씨앗을 잘 모아서

매실 베개

그래? 해 보자.

아직.

매실 발효액이 되는 10월까지 기다려.

끝

발효액은 부글부글 넘쳐 있고, 그릇엔 초파리 알이 마치 깨라도 뿌린 듯…… 매실 누름 접시를 가득 메운 알들과 꼬물거리는 애벌레……

으아악 그만해. 소름 끼쳐.

그래서 어쨌어?

아래 쪽은 괜찮았을지도 모르지만 차마 걷어 낼 자신이 없어서……

버렸죠.

어쩌다 그리 된 거야?

설탕 녹이려고 저어 주었는데,

딩동~

왔어?

이러다 까먹고 휴가를 가 버렸지 뭐야.

교훈

1. 초파리가 꼬이지 않게 밀봉한다.
2. 넘칠 수 있으니 병을 가득 채우지 않는다.

아까워.

눈물 없이는 들을 수 없는 깨달음이야.

?

내년 가을까진 비싸지만 사서 마셔야지, 뭐……

그럼 다른 발효액 만들면 되지.

다른 발효액?

이건 오미자 발효액인데 마셔 볼래? 타 줄까?

어머!

정말 예쁜 색이다♥

살림박사 언니는 몇 가지 발효액이 있는 거예요?

보여 줘. 보여 줘.

냉장고에 있어.

거른 발효액을 김치 냉장고에 넣어 놓고, 조금만 덜어서 병에 담아 둔 거야.

실온에 두면 발효를 계속해서 술맛이 나더라고.

오 오

오미자랑 구기자는 지난해에 만든 거네?

응. 올해 담근 건 베란다 선반 아래에서 발효시키고 있어.

언니도 단지에 발효액 거르는 날짜를 써 놓네요?

저것만으론 잊어버려서 달력에도 적어 봐야 해.

오미자
2014. 9. 15
2014. 12. 25

구기자
2014. 8. 21
2014. 12. 1

언니, 생각보다 적게 담그네요? 저는 아주 큰 옹기에 담갔는데.

여러 가지를 담그다 보니까 많이 하면 처치 곤란이야.

올해 만들 발효액은 모두 다 끝?

아니. 아직 모과가 남았어.

나도 하고 싶다.

언니처럼 살림 잘 하면 얼마나 좋을까?

그렇지도 않아. 지난해랑 지지난해 복분자는 알콜 발효가 돼 버렸지 뭐니.

지지난해 : 설탕이 적어서.

지난해 : 뚜껑을 계속 닫아 둬서.

그럼 술로 마시면 되잖아요.

우리 집엔 술 즐기는 사람도 없지만, 술로 먹기엔 너무 달아.

토할 만큼.

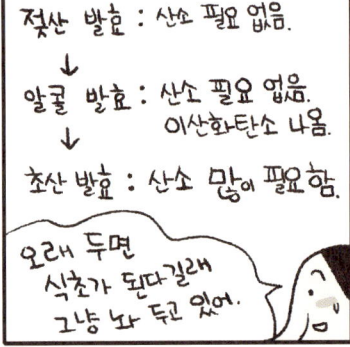

젖산 발효 : 산소 필요 없음.
↓
알콜 발효 : 산소 필요 없음. 이산화탄소 나옴.
↓
초산 발효 : 산소 많이 필요함.

오래 두면 식초가 된다길래 그냥 놔 두고 있어.

우리 집도 지난해에 만든 매실 발효액이 시큼한 게 꼭 식초 같았어요.

발효액 속 효소를 먹고 싶다면 3개월 ~ 6개월. 늦어도 1년 안에 먹는 게 좋고.

발효 재료 성분을 먹기 원한다면 오래오래 (2년 ~ 5년) 숙성시켜 먹는 게 좋대.

설탕이 너무 많으면 효소도 활동 못 한다고 들었는데.

발효 재료 성분만 삼투압으로 잘 나오게 되겠지.

발효랑 부패는 같은 원리니까.

내년엔 설탕량을 조금 줄여 볼까 생각하고 있어.

언니. 뭐가 뭔지 모르겠고, 나 뭐 만들면 돼요?

구기자나 모과, 대추?

먼저 내가 해 본 것들 알려 줄게.

기본 정보

◎ 집집마다 조금씩 방법이 다를 수 있어요. (김치처럼.)

◎ 재료와 설탕은 같은 양. 설탕을 적게 넣으면 발효가 빨라짐.

◎ 공기는 통하게! 벌레는 못 들어가게! 한지나 천으로 밀봉 하세요.

◎ 서늘하고 햇볕이 없는 곳에서 발효시키세요.

◎ 설탕이 잘 녹게 때때로 나무 주걱으로 저어 주세요. (쇠는 유기산 성분을 파괴한대요.)

◎ 영양을 생각하면 유기농 설탕을, 색깔을 살리고 싶으면 하얀 설탕을 씁니다.

 **오디**

(5월~6월)

• 걸러진 오디를 갈아서 우유나 요구르트에 타 먹어도 맛있음.

• 설탕 넣고 조리면 오디 잼 완성.

 **복분자**

(6월)

• 발효가 빨리 돼서 60일 지나면 먹을 수 있다.

• 걸러진 복분자를 잼으로 만들 면 씨를 망에 걸러 줘야 한다.

 **수세미 오이**

(8월)

• 어린 수세미를 통썰기 해서 담근다.

• 100일 뒤에 거르고

• 60일 더 숙성시킨다.

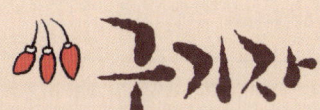 **구기자**

(8월~11월)

• 100일 뒤 거르고 200일 숙성한다.

• 소양인에게 좋다.

 **오미자**

(9월)

• 열매에 붙은 꼭지, 가지에도 좋은 성분이 있어서 떼지 않고 같이 담근다.

• 오미자가 쪼글쪼글해지면서 회색으로 바뀔 때 걸러 준다. (60일~100일)

 **모과**

(10월~11월)

• 거르고 남은 모과로 차를 끓여 먹는다.

• 변비 있는 사람, 소화 안 되는 사람은 피한다.

발효액에서 꺼낸 매실 어디다 쓸까?

자, 마셔.

웬 매실?

샀어?

그윽한 매실 향

우리 거 망쳤다고 했더니,

살림박사 언니가 나눠 줬어.

우리도 매실 발효액 다 되면, 매실 잼이랑 매실 베개 만들려고 했는데,

버릴 게 없는 매실을 싹 버렸으니……

아쉽다……

아쉬울 거 없어!

뭐야, 이거?

매실 발효액 만들고 남은 매실들이야.

이것도 살림 누나가 준 거야?

아니. 언니는 거른 지 한참 돼서 없고, 이건 교구네가 어제야 거른 거래.

버리게 된 건 아깝지만, 매실 잼, 매실 베개 안 만들어도 되니까 편하겠다 싶었는데.

이렇게 산처럼 얻어올 줄이야……

아참! 여기 더 있어!

쿵

끙……

138

워낙 많이 가져 왔으니······.

소주 부어서 매실주도 만들까?

싫어!

오H? (술 좋아하는) 너답지 않은게?

매실 씨 + 알콜 ⇒ 발암 물질

술이 원래 발암 물질 덩어리란 말도 있지만 그거 무서우면 어떤 술 못 마실걸?

몰라, 몰라, 암튼 싫어.

매실주는 내년에 제대로 담글 테야.

매실주 담그는 법

• 상처 나지 않은 청매로.
• 알콜 도수 낮은 술로.
• 햇볕 보지 않게 그늘에서.
• 90일에서 100일 사이에 거른다.
★ 풋매실엔 열매살에 청산배당체가 있으니 조심한다.

풋매실이나 청매나 생긴 게 똑같은데 어떻게 알아?

으이그 그것도 아직 몰라?

덜 익은 풋매실을 칼로 자르면,

씨가 여물지 않아서 반으로 잘라짐.

약한 씨앗을 보호하기 위해 청산배당체가 열매살에 있는 거야.

씨가 단단해질 만큼 자란 청매를 자르면,

열매살이 쪼개져도 씨앗은 멀쩡해요.

씨앗이 여물었으니 독성을 거둬야 멀리 퍼질 수 있겠지?

근데, 두 냄비에 담긴 매실 모양이 다르네?

하나는 쪼글쪼글 딱딱, 다른 건 물컹물컹 흐물.

으이그 그것도 몰라?

쪼글쪼글 딱딱한 건 청매, 초록 매실로 담근 것이고,

물컹물컹 흐물흐물한 건 황매, 노랑 매실로 담근 것입니다.

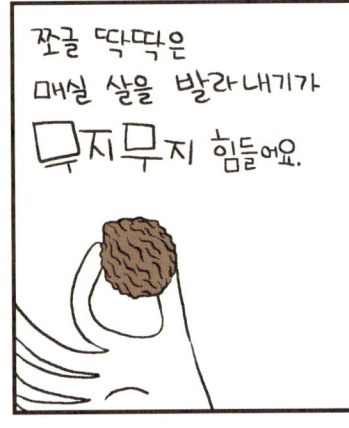

쪼글 딱딱은
매실 살을 발라내기가
무지무지 힘들어요.

냄비에 매실이
잠길 만큼
물을 붓고

푹 푹 삶아 주세요!

식을 때까지
그대로 두고
불립니다.

쪼글 딱딱 했던
매실이

물을 먹어
살짝 살이 불었어요.

오, 놀라워라.

황매는?
삶지 마?

같이 삶아도
상관없어.

물컹한 상태에
따라 다르겠지.

나두
할래!

손 깨끗하게
씻고 와.

삶은 황매는
맨손으로도
벗겨져요.

앗,
따가워!

씨앗 끝이
뾰족하니까,
조심해야
해.

베개 만들 때
뾰족한 거 하나하나
다 갈아 주는 사람도
있대.

반쯤은 매실주
담글걸.

지조
없기는.

끝났다!

벗긴 열매살 가운데
아작아작한 느낌이 나는 것을
따로 골라서

고추장이나 간장을 넣고
참기름, 깨, 마늘, 파 따위
양념을 넣으면

맛있는 매실 장아찌
완성!

새콤 시원한
매실 잼을
만들어
볼까요?

믹서로 매실을
곱게 갈아 줍니다.

설탕을 넣고,

눌지 않게 저으면서
졸입니다

반짝반짝 윤이 나면
찬물에 떨어뜨려 보고
퍼지지 않으면,

숟가락
실험.

소독한 유리병에
뜨거운 잼을 가득 담고
뚜껑을 닫아요.

잠시 뒤집어
놓으면

매실 잼
완성. ♡

식은 국물은 버리고
…….

잠깐!

버리지 마.

EM

EM 발효액
넣고 발효 시키면
훌륭한 거름이 돼.

설탕에 절였던
거니까
설탕 안 넣어도
되겠지?

잘 발효시켜
300~
1000 배로
물을 섞어
식물에
뿌리면
엄청 잘 자라요.

버릴 게 없다는 매실……
이제 씨만 남았네?

그게 가장 큰일이야.
일단 나중에…….

141

버리기 아까운
발효액 건더기

엄마표

일 년 뒤

우리한테 텃밭이 있으면 얼마나 좋을까?

뭔 소리야?

일이나 도와주면서 그런 소릴 해라. 게으름뱅이 주제에.

자기가 걸러 놓은 매실들, 복분자들, 올해 새로 담근 구기자까지.

텃밭이 있음 퇴비로 쓰면 되는데......

어렵게 구한 유기농 재료들인데 아깝잖아.

안 버릴 건데 뭐가 아까워?

매실은?

지난번처럼 매실 잼 만들 거고.

근데 근데, 근데

매실 잼은 너무 어른스런 맛인 것 같아. 얼렁이도 별로라 하고.

얼렁이? 많이 먹었어. 매실 잼을 고추장이나 된장에 넣어 쌈장 만들었더니 잘만 찍어 먹던걸?

덜 맵고, 덜 짜고, 맛있어요.

술은 그만!

만들어 놓고 쌓여만 있는 과일 술들.

술 아냐.

복분자는?

복분자 잼 만들면 진짜진짜 맛있어요.

응...

그런데, 씨 거르는 게 너무 힘들어.

누가 쉽게 거르는 법 좀 알려 주세요.

복분자 우유

복분자 건더기 몇 술갈 넣고

우유나 두유를 부어서,

믹서로 윙.

잠시 놔두면

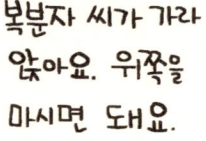

복분자 씨가 가라 앉아요. 위쪽을 마시면 돼요.

나눠서 냉동실에 보관하시고

하나만 냉장실에 두세요.

구기자

구기자는 작은 고추 같은 거라 냄새가 살짝 매콤하고 색도 빨개요.

고추만큼 맵진 않아!

떡볶이

해물탕

쌈장

믹서로 갈아 놓고 빨간색 음식이 그리울 때 고추장 반, 구기자 반 넣으면 덜 맵고 맛나요.

집에 없는 것도 물어볼까?

오미자

설탕

오미자는 한 번 더 쓸 수 있다는 사실. 설탕을 넉넉히 넣고 발효시키세요.

오미자 차로 마셔도 좋고♡

끝

143

시작

자기야, 마저 해야지?

그래? 어서 해야지.

뽀뽀 말고, 자기가 하던 연속 기획물!

뭔 소리여?

탁!

낙!

악!

개똥이네 집 2011.6.

개똥이네 집 2011.10.

개똥이네 집 2011.11.

탕!

느낌이 와?

굴적

글쎄?

매실 발효액!

여러 가지 발효액!

매실 건더기!

여러 가지 발효액 건더기!

그렇다면 그다음은!

매실 씨앗 베개

몰라 몰라 몰라

지난해부터 말린 것도 있고,

올해 것도 더해서 만든다더니?

잉잉, 귀찮단 말야.

알았어. 알았어.

내가 도와줄게.

진짜?

빼꼼

발효액 거르고,

물 넣고 끓이면,

매실이 물을 먹고 다시 통통해집니다.

매실 살을 발라내고, 씨를 따로 모아요.

매실 살로 매실 잼 만들고,

씨앗을 냄비에 넣고 잠길 만큼 물을 부어요.

집에 소다가 있다면 한 숟가락 넣고

하룻밤 둡니다.

소다 없으면?

사야 하나?

대신 굵은 소금을 넣기도 한대.

팍팍 끓여 주세요.

소다 넣었으면 넘치는 거 조심!

고무장갑과 수세미 준비.

면장갑이 있다면 안에 껴 주세요.

145

매실 씨앗을
박박 비벼서
남은 매실 살이 잘
벗겨지게 해 주세요.

빨래
빨듯.

바각
바각.

수세미나 칫솔로
문질러 주면 효과 두 배!

윽! 이건 못 해!

삶고,

문지르고,

냄비도
바꿔야 해?

아니.

두세 번쯤
번갈아 해 주면

매실 씨앗 홈이
깔끔하게
잘 보입니다.

물에 마지막으로
한 번 더
헹구고,

구멍 많은 소쿠리에 담아
물기 없는 곳에 두고
한 주 넘게 말립니다.

해님도 좋고,

바람도
좋아라.

한 달도
좋고

일 년도
좋아.

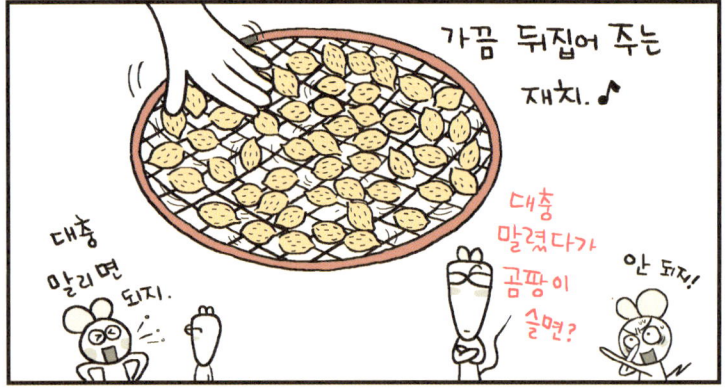

가끔 뒤집어 주는
재치.♪

대충
말리면
되지.

대충
말렸다가
곰팡이
슬면?

안 되지!

속까지 잘 마르면
흔들었을 때 안에 씨가
움직이는 게
느껴져요.

146

자, 바짝 마른 거 같은데, 베갯잇에 넣으면 끝이지?

잠깐!

이 뾰족한 걸 봐 봐.

음, 맞다. 꽤 날카롭고 아프더군.

어쩌지?

갈아야지.

밖에서 돌을 주워 와 뾰족한 끝을 갈아 줍니다.

혼자 하면 지겹지만, 같이 하면 금방 끝나요.

다 갈았다.

잘 마른 건 잘라 내면 쉬운데.

목에 베어 봐서 편하다 싶을 만큼만 매실 씨앗을 넣어 주면,

남은 것은 쌀독에 넣어 두시라!

빈대가 싫어한다는 소문이.
....

완성!

깔끔한 베갯속 ♡

매실 베개는 원하면 언제든지 꺼내 삶을 수 있다는 게 좋아요.

내 거야!

얼렁이가 베기엔 딱딱해.

아빠 목에 맞춘 거니까 아빠 거다.

무엇이라? 아빠 거?

그럼 아냐?

엄마, 아빠 거는 다음에 만들면 되지, 왜 싸워?

끝

147

수건·페트병·양파 망·현관 방충망

폴라플리스 담요·살림박사

빨랫감·EM 쌀뜨물 발효액

이만하면 살림박사

시작

무엇을 써요

실만 구하면 다 꿰 줄 거라고.

① 모으기

만들기를 좋아하는 공작부인.

막상 해 보면 쉽지 않은 공작 시간.

열심히 공부

검색 ▶

다른 사람들은 어떻게 만들까?

끼야

만들기 비법

인터넷은 능력명이야.

이렇게 하면 되겠는걸?

오! 저건 기발하네.

음. 요건 꼭 따라 해 봐야지.

이것도
저것도
최고야.
월척이다.
요것도
우와
멋지다.

며칠째 잠도 안 자고, 자료만 찾고 감탄하고 또 찾고 또 감탄하고 또또 찾고 또또 감탄하고.

잘 만들려면 풍부한 자료가 있어야......

 ② 사재기

하긴,
이렇게 자료만
모으는 건 의미가
없어. 실천!
실천을 해야지.

뭐부터 만들까?
천연 비누? 천연 화장품?
펠트 소꿉놀이?
천 생리대?

만들려면
재료가
있어야지!

지름신

₩ ₩

오시도다.

오만 원 넘어야
택배값이
공짜로군.

가만있자,
더 필요한 게
뭐가 있지?

어? 반짝
세일!
놓치면 손해.

여긴
사은품을
주네.

내가
무슨 짓을
한 거지?

으아악

딩동 택배요

딩동 택배요

딩동 택배요

택배요

딩동

옷감

비누재료

D.I.Y

카드값
고지서요.

몇천 원 아끼려고
몇만 원을 더 쓴 거야?

③ 채우기

꼭 돈을 써야만
만들기를 할 수 있는 건
아닌데.
재료는 집 안에도
얼마든지 있다고.

남은 돌
받으러

잠깐!
버리지 마.

종이

그러다 보니
쉽게 버리지
않게 되고,

남이 버린 것에도
눈독을 들인다.

앗! 괘종시계가!

엄마 옷걱
잡아.

또
주웠어?

순식간에
집 안은 (특히 베란다)
쓰레기장이
되어 버린다.

제발 그만!

151

문득 잡아채는 생각 조각들

물건이 넘쳐나는 세상.

나까지 뭐가를 만들 필요가 있을까?

네 엄마도 닦는다.

있는걸 쓰고만 살아도 평생 다 쓰지 못할 만큼 많은데……

지구별을 살리는 일이 내 아이를 살리는 일인 건 분명한 사실.

생산과 소비가 돌고 도는 자연의 순리처럼

그리 살아야 하거늘. 나무, 쇠, 천 같은 재료로 물건이 나와야 건강해 지겠지?

하긴 플라스틱만 욕할 수도 없어. 플라스틱이 없다면 세상의 나무나 쇠붙이는 옛날에 거덜났을 거라는 말도 있는데.

자료를 찾다 보면

배보다 배꼽이 더 크게 보이는 물건들이 많다.

분유 통에 구슬과 레이스로 장식해 만든 저금통.

유리 타일을 붙인 탁자.

포장을 위해 더 많이 포장한 우유갑.

재료값을 합치면
더 튼튼한 물건을 사고도 남을 듯.

시간 낭비, 돈 낭비, 노력 낭비.

만드는 즐거움이란 것도 있다고.

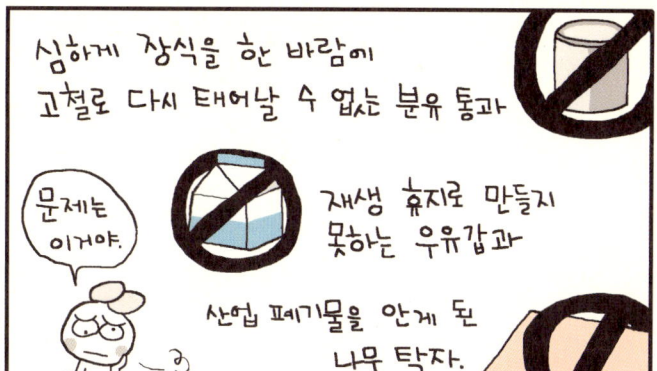

심하게 장식을 한 바람에 고철로 다시 태어날 수 없는 분유 통과

문제는 이거야.

재생 휴지로 만들지 못하는 우유갑과

산업 폐기물을 안게 된 나무 탁자.

그럼 어쩔 거야? 만들지 말고 사서 쓰면 그건 그거대로 과잉 생산을 부추기는 거잖아.

장식 안 하고 쓰면 되겠다!

우유갑 필통

낡거나 질리면 분리수거 통에 넣으면 되고.

맞는 소린데, 너무,

쾅

이닷!

픽

너처럼 하면 재활용 만들기 하겠다는 사람 반에 반으로 줄어들걸.

예쁘고 아름다운 것에 끌리는 마음을 짓밟아선 될 것도 안 된다고.

알았어, 궁상부인?

뭣이랏.

나도!

예쁜 거 좋아한다고, 뭐.

멋스러우면서 자연과 친한 공작 부인이 되고픈 건데……

이봐, 저기 쟁여 놓은 것들도 같이 해결하면서 철학을 하시는 게 어때?

휴, 업이로다……

아이고, 여기 수도자 나셨구먼.

끝

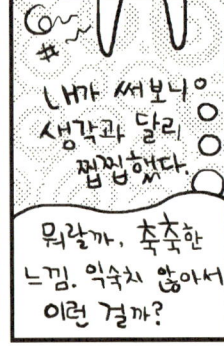

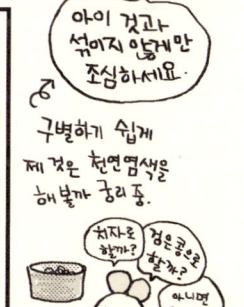

깨끗하게 씻고

마른 수건으로 물기를 쏵 닦은 뒤

차곡차곡 넣어 줍니다.

고춧가루 | 마늘 | 추석 떡 | 양념

이렇게 나누어 두면 어디에 뭐가 있는지 잘 보여서 몇 년씩 처박아 두는 일도 줄어들고, 와르르 무너지지도 않아요.

문 쪽에 넣을 거면 어슷하게 자르세요.

그래야 넣고 뺄 때 걸리지 않고 편해요.

생각보다 자리를 많이 차지하는 커피 잔 정리.

손잡이 때문에 여러 개 겹쳐 놓을 수가 없어요.

요렇게 잘라 보아요.

차곡차곡

짜잔!

유리나 사기는 무거우니까, 위쪽 선반에 많이 쌓아 두는 건 위험해요.

이렇게 자른 뒤

착착 세워 두면 꺼내기 편하고

페트병에 있어서 부딪혀 깨질 위험도 줄지요.

접시를 끼워 둡니다.

페트병 주둥이를 잘라 쓰면

비닐 입구를 꽁꽁 묶을 필요가 없어요.

비닐 끝을 페트병 주둥이로 빼내서

뒤집은 뒤에

뚜껑으로 돌려 막으면 끝♡

신발을 세워 넣으면 훨씬 많이 들어가는 신발장.

정리 되니까 살것 같다.

장식을 붙여 예쁘게 쓰는 사람도 많아요.

2ㅇ응응

엉킨이 머리핀통

연필꽂이

리모컨 모음 통

현관 앞 열쇠 통

화장품도 종류별로♡

이거 말고도 페트병으로 정리하는 방법은 무궁무진하답니다.

끝

시작

책 읽기에 빠져
무더위를 넘겨 보자.

재주 많은 양파 망

오! 장아찌용
양파가 싸네.
싱싱해?

책을 읽은 뒤
감동에 젖어 있는
공작부인.

무소유

세상일이 빈손으로 왔다가
빈손으로 가는 것.

무얼 그리 안달복달하며
사는가……

산은 산이고
물은 물이로다.

해탈하면
밥 안 먹냐?

어이,
다 읽었으면
좀 도와줘.

양파가 많네.

응. 싸길래.

있지, 앞으로
말이야.
나한테 있는
물건들을 없애는
맘으로 살아야
겠어.

너무 많은
물건 속에
파묻혀 사는
기분이야. 아니,
파묻혀 있어.

양파? 많으면
나눠 주면
되지.

양파는 그렇다 치고,
이 많은 양파 망들은
어쩔 셈이야?

한 번 쓰고 버릴 것들이
이렇게나 여러 개.
잘 썩을 것 같지도
않은데.

이 죄를
다
어쩔꼬……

죄로다.
죄로다.
삶이 죄로다.

으이그.
나 이거 한 번
쓰고 버릴 거
아니거든요.

양파 망은 질기고 바람이 잘 통해서 쓸모가 많아요.

요건 이미 다 알려졌죠.

• 거의 다 쓴 비누 조각을 넣으면 비누를 알뜰하게 다 쓸 수 있다.

• 수세미로 쓰기에 나쁘지 않다.

채소 / 기름 / 생선 / 개수대

• 수채구멍에 받쳐 놓고 음식물 쓰레기가 들어가면

망째로 말린 뒤

화분에 거름으로 주기.

• 화분 바닥 구멍에 양파 망을 깔고 흙을 올리면, 흙이 빠지지 않아서 좋다.

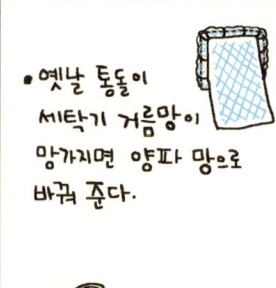

• 옛날 통돌이 세탁기 거름망이 망가지면 양파 망으로 바꿔 준다.

• 빨래 망으로 쓴다. 단! 삶는 빨래는 피할 것! 양파 망 색소가 옷에 밸 수 있다.

• 허브나 꽃잎을 말려 넣으면 향기 주머니.

• 녹차 같은 것을 넣고 목욕물에 넣으면 입욕제 망.

• 물놀이 장난감 넣는 주머니. 물이 잘 빠져서 잘 마른다.

이거 줄게.

• 소풍 갈 때 아이 공 넣는 주머니.

모래놀이 장난감도 넣어 볼까?

모래 가루가 떨어져서 난 별로.

• 말린 나물들 넣어 놓으면 공기가 잘 통해 오래간다.

딱 좋네.

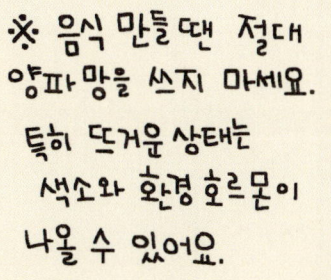

※ 음식 만들 땐 절대 양파 망을 쓰지 마세요. 특히 뜨거운 상태는 색소와 환경 호르몬이 나올 수 있어요.

그래도 양파 망 쓰임새는 무궁무진해요.

무엇보다 좋은 건 선풍기 바람을 시원하게 해 주는 것.

이건 또 어디서 본 거야?

꽁꽁 얼린 얼음 팩 / 수건으로 감싸고 / 양파망에 넣어 선풍기에 건다.

끝

준비물

쫄대
가로 길이 + 세로 길이
철물점에서 팔아요.

철문이 아니면 찍찍이
철문이면 자석

나는 광고지에 붙어 있는 자석 가운데 힘센 거 골라 뜯지.

문 가로 길이 + 20~30cm
방충망 천
문 세로 길이 + 10~15cm

못 쓰는 모기장을 넓게 폅니다.

다 펼 필요는 없고 쓸 만큼만 펴세요.

문 가로 폭보다 20~30cm 넓게
문 세로 폭보다 10~15cm 길게
자르세요.

가장자리가 풀리지 않게 접어 꿰매요.

철문이면 모서리 쪽에 자석을 끼워 꿰매세요.

문이 아니고, 문틀!
문틀에 쫄대를 붙입니다.

자동 문닫힘 장치가 달린 문은 어디에 쫄대를 붙일까요?

그런 문은 문틀 위쪽에 달아 볼까요?

여기 또는 여기

쫄대에 방충망 천을 끼웁니다. 위쪽에서 주름을 넣어 주세요.

철문이 아니면, 자석 대신 찍찍이를 튼튼하게 꿰매 주세요.

이제 문열고 바람을 즐기시면 됩니다.

끝

정전기는 수만 볼트라던데.

날씨가 건조해서 그런 거니까, 발효액 뿌리면……

그래도 좀 생기네.

괴씸하군! 그렇다면 정전기 방지제를 듬뿍 뿌려 주마!

욱, 지독한 인공향…

좀 낫군.

냄새에 질식하겠네. 아토피에 안 좋다고.

음, 버리긴 아깝고 이걸 어디에 써 먹나?

100% 화학 섬유란 안 좋군.

화학 섬유 정전기 예방.

탁, 탁, 탁

- 몸에 로션을 바르거나 옷을 목욕탕에 걸어 두어 습기를 머금게 한다.
- 빨고 나서 섬유 유연제나 식초로 헹군다.
- 화학 섬유 사이에 천연 섬유를 걸어 둔다.

뒤적 뒤적

찾았다.

뭘?

담요에 덧댈 면. ♡

면은 빨면 많이 줄어드니까 미리 한 번 빤 다음 시작하면 좋아요.

가장자리를 빙 둘러서 박고, 사이에 한두 번 누벼 주면 천이 밀리지 않아요.

면도 종류가 많던데, 무슨 천 썼어?

난 융(플란넬) 썼어. 생리대 만들 때 사 놓은 천이 남아서.

어때? 정전기 확 줄었지?

고마워.

자기는 천재야.

펄럭 펄럭

정말 고마우면, 천재를 위해 투자 좀 하시는 게 어때? 다음 달에 설 보너스 나오면 재봉틀 사자.

재봉틀 있으면 5분이면 끝낼 일을 한참 잡고 있었다고.

악.

끝

안녕하세요.
이번 달 주인공은

살림녀 되겠습니다.

나?

앞에
내 소개한 적
있었잖아.

언니도 이제
해야죠.

난
괜찮은데
……

뭐야, 뭐야,
우리도 당당한
공작단
이라고.

언니, 그런 태도는
수많은 조연들을
기죽이는 빌미가
될 수
있어요.

알았
어.

안녕하세요.
살림이예요.
저는…… 음……
애교 많은 아들 하나,
듬직한 딸 하나,
학원 강사 하는 남편이랑
살고 있는 평범한
엄마입니다.

전업주부는
아니고요.
학교에서
아이들을 가르치는
선생이예요.

선생 엄마에,
강사 아빠인데,

아이들은
대안 학교 다니다
집에요.

푸
하

이런저런 재료로
음식 만드는 거
좋아하고요.

아이들 옷 만들어
입히는 재미에 빠져
산 적도 있고요.

집 꾸미기도 좋아해서
주말 공방도 다니고,
방학 땐 톱밥에
묻혀 산 적도
있었지요.

164

그러던
어느 봄날.
아지랑이가 피어올라
묘하게 어지러웠던
어느 일요일 아침에,

문득
'내가 뭐 하고 있지?'
라는 생각이
들었어요.

필요한 것보다
훨씬 더 많이
만들어 내고 있는
나를 보게 되었죠.

돈을 위해
대량 생산, 대량 소비를 하는 세상이나,
즐거움을 위해
대량 생산, 대량 선물 하는 나나
뭐가 다르지?

그런 나를 위로해 준 건
구석에 놓여 있던
선인장과 화초였어요.

내가 마음껏 늘리고, 퍼뜨리고, 밟아도
미안함을 느끼지 않아도 되는 것이
초록이들이라고 생각하게 된 뒤로
가장 좋아하는 취미가 되었죠.

내 꿈은
집 둘레에
텃밭 일구기. ♡

그런 깨달음이
있었군요.

말하고 나니
쑥스럽다.

내 생각이
바로 그거예요!

언니는 고수만이
느끼는 뭔가요.

궁상스러운
거하곤 다르지.

너 화초
키우기 젤
싫어하잖아.

뭣이라?

토굴
네 차례야

뭔가 꼼지락
거리는 게 귀찮아
토굴에 사는
토굴여사입니다.
끝.

165

시작

세탁소 갈 빨랫감들 어쩌지?

무거워? 산더미네.

겨우내 입었던 겉옷들인데, 세탁소 갈 엄두가 안 나서 말이지.

많긴 많네. 들어 줄 테니 같이 가자.

무거워서가 아니라, 무서워서 못 가는 거야.

이쯤 되면 세탁비가 무섭긴 하겠다.

세탁소를 차릴까 봐.

그런데 교구야. 이 옷은 집에서 빨아도 될 것 같은데?

여기 봐 봐.

취급 주의
• 가급적 드라이클리닝 하십시오.
• 물세탁시 중성세제로 빨리 세탁하여 어쩌구.

짜잔

어랏? 그러네?

난 왜 여태껏 두 번째 줄을 못 봤지?

해마다 드라이클리닝 맡겼는데.

나도 처음 사고 나서는 한두 번은 드라이 클리닝 맡겨.

그 다음에 집에서.

이 옷 말고 더 있을 거야.

찾아보자!

근데 무슨 배짱으로 하얀색 오리털 잠바를 샀어?

예전에 살림박사 언니가 애들 옷 물려준 거야.

반갑네.

꼬질꼬질

언니는 어쩜 그렇게 깨끗하게 입혔어요? 우리 집에선 오자마자 더러워져서 겨우내 꼬질꼬질하게 입혔지 뭐야.

밝은색 옷은 뭐가 묻자마자 바로 닦아 주면 좀 낫지.

닦기는커녕, 사고 안 나게 잔소리하기에도 정신이 없어.

내려와! 위험해!

그만 싸워.

아들만 셋!

손 치워라! 얼른!

이리 나와!

아, 네.

←아들 한 명.

아들 한 명, 딸 한 명. ←

그러시겠죠......

아! 그 옷은 올겨울에 산 거니까 세탁소 보낼래.

정리 끝

어림잡아 $\frac{1}{3}$은 줄었네.

세탁기에 넣기 앞서 더러운 쪽을 살짝 애벌빨래해서 넣는 게 좋아.

세탁기에 '울세탁' 기능을 누르면 돼.

흠. 흠.

옷감을 덜 상하게 하려면 손빨래로.

다 빨았으면 예쁘게 옷걸이에!

띠디링!

잠깐! 건조기가 없어 햇볕에 말릴 때면 옷걸이 안 돼.

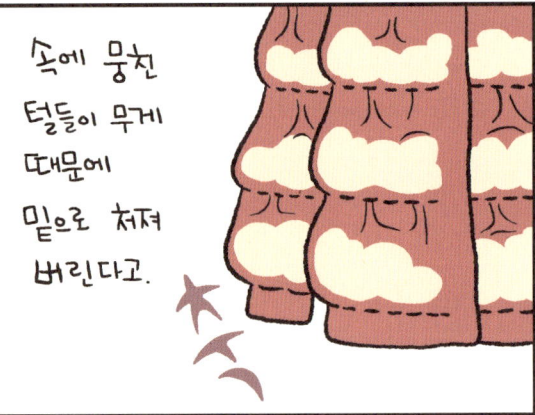

속에 뭉친 털들이 무게 때문에 밑으로 처져 버린다고.

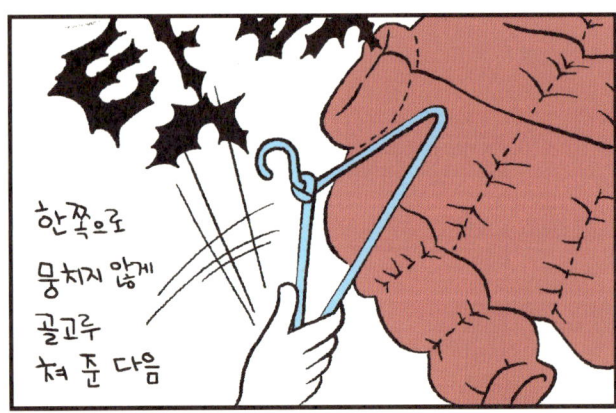

한쪽으로 뭉치지 않게 골고루 쳐 준 다음

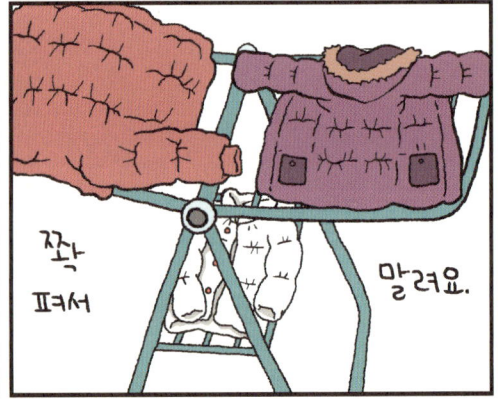

쫙 펴서

말려요.

그렇게 했더니 말릴 데가 모자라.

아이들 옷처럼 작은 건 소쿠리 위에 올려.

다 마른 뒤 빛에 비춰 보면 뭉친 곳이 보여요.

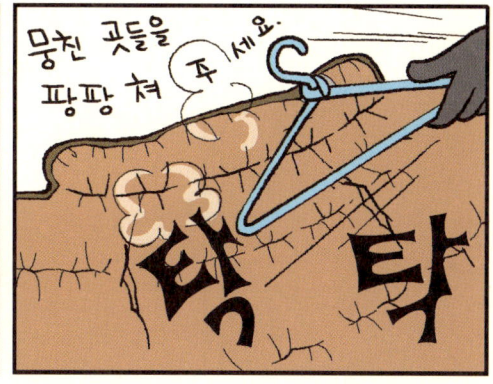

뭉친 곳들을 팡팡 쳐 주세요.

탁 탁

그래도 아직 남은 옷이 많네.

그러게 말야.

반드시 드라이클리닝 해야 된다지만, 고급 옷도 아닌데......

배보다 배꼽이 더 큰 옷들도 많아.

그럼 집에서 하는 드라이클리닝 세제를 구해서 써 봐.

큰 대야나 목욕통에 잠깐 담가 둔 뒤 헹구는 거야.

언니. 광고쟁이 같아. 하하.

어머. 그런가?

암튼 얼렁이가 얌전해서 옷도 험하게 안 입을 것 같아.

공주 하나 있는 공작은 얼마나 좋을까?

남자애들은 흙강아지들이니까.

뭐가 얌전?

얼렁아! 엄마 봐라!

여기도

철퍽 철퍽

끝

쪼오록 ♪

얼렁아 안 돼요.

빵빵

그건 아빠 자동차 닦을 때 쓰는 거야.

이 노옴!

나둬! 나둬!

위험해. 나가 있어.

아이가 크니, 만지면 위험한게 한두 가지가 아니다.

저런거 만지면 아야해서 병원 가야 해.

앙 왕

집 안에 합성 세제들이 이렇게나 많았다니. 그 가운데 몇 가지는 치명적으로 독한 것들이다.

계면 활성제는 피부로 흡수되서 몸속에 그대로 남는다는데......

아이에게만 나쁜 게 아니야. 어른에게도, 자연에게도 나쁜 합성 세제.

뭔가 방법이 없을까?

들어나 봤나? 있다. EM 쌀뜨물 발효액

EM?

Effective Micro-Organisms의 약자야. 유용한 미생물이란 뜻이지.

쉽게 말해서 이로운 세균으로 나쁜 세균을 물리치는 원리로 청소를 하는 거랄까.

← 영어에 약한 공작부인.

그럼, 쌀뜨물 발효액은 뭐지?

이로운 미생물을 발효시키는 데, 쌀뜨물을 썼다는 뜻이야.

도통 뭔 소린지......

기다려 봐.

차근차근 이야기해 줄게.

'위험하고 독한 합성세제는 사람과 자연을 병들게 한다. 대안이 필요하다.' 이렇게 생각하는 거 맞나?

응!

세제만 적게 써도 (안 쓰면 더 좋고) 물이 살아나고, 우리도 더 건강해질 거라 믿는 거고?

당연하지.

물을 썩게 하는 주범이 우리가 날마다 버리는 쌀뜨물이란 거 아시는지?

하천과 바다를 오염시키는 것들 가운데

80%가 생활 하수

그중 60% 쌀뜨물 | 술 20% | 세제 10% | 기타 10%

믿을 수 없어.

영양가 높은 쌀뜨물이 버려지면.

미생물들이 분해하려고 모여듭니다.

분해하자. 분해하자. 분해하자. 분해하자.

마구 늘어난 미생물은

물속의 산소를 다 써 버리고.

냄새도 고약하지.

거기에 화학 물질까지 들어오면.

산소가 없으면 어떤 생물도 못 살고

죽은 물이 되는 거야.

세상에!

우리 나라는 쌀이 주식이니까 버려지는 쌀뜨물 양이 어마어마해.

흑! 밥을 안 먹고 살 수도 없고.

울지 마. 방법이 있어.

유용한 미생물(EM)로 쌀뜨물을 발효시키면, 놀라운 힘을 가진 물로 바꿔거든.

발효나 부패 모두 미생물이 분해하는 거잖아.

근데, 뭐가 다르다는 거지?

썩은 우유는 못 먹지만, 우유를 유산균으로 발효시킨 요구르트는 잘 먹잖아.

EM 원액에서 잠자고 있던 유용한 미생물들은 쌀뜨물을 만나서 활발하게 영양분을 먹고(분해) 늘어나. 그래서 'EM활성액'이라고 부르기도 하지. 잘 발효된 쌀뜨물은

물 정화

악취제거

쌀뜨물 발효액

음식·철의 산화방지

효과가 있어.

이로운 균으로 해로운 균을 억제하는 원리라서, 독한 화학 물질로 균을 죽이는 합성 세제보다 훨씬 깨끗하고 건강하게 쓸 수 있는 거야.

세제

합성 세제 주성분인 계면 활성제를 분해 시키기도 해. 정말 멋지지?

나 하나 쌀뜨물 발효액 쓴다고 효과가 있을까?

보오~

물방울이 바위도 뚫는 거 몰라? 열 사람 가운데 한 사람만 써도 효과 있대.

10%

제주도 안덕면 창고천

실제로 다시 살아난 개천이 있어.

우리도 만들어 보자고.

박수 오오~

EM 쌀뜨물 발효액 만들어 볼까요?

준비물은?

두레생협, YWCA, EM 전문 인터넷 매장에서 살 수 있어요. (4000원부터.)

미생물 원액 EM

설탕+소금으로 대신할 수 있어요.

당밀

두세 번째 나온 쌀뜨물. 현미만으로 씻으면 쌀뜨물이 잘 나오지 않아요.

2리터들이 II페트병

페트병에 쌀뜨물을 1.5~1.8리터쯤 채워 줍니다.

쌀뜨물 대신 야채 씻은 물도 쓸 수 있어요.

EM 원액을 20밀리리터 넣어요.

어? 여기엔 40밀리리터라고 써 있는데?

고지식하긴. 회사마다 차이가 있어. 자기가 산 제품 설명을 따라하면 돼요.

소주잔으로 한 잔쯤.

당밀도 20밀리리터를 넣으면 끝.

저는 설탕 20밀리리터 (백·황·흑설탕, 시럽 모두 가능)와 천일염을 찻숟갈로 하나 넣어 줘요.

겨울엔 따뜻한 물에 녹여서.

뚜껑을 꼭 닫고,

따뜻한 곳에 둡니다. (섭씨 20도~40도)

겨울엔 담요 밑에.

7.2○

날짜를 적어 두세요.

미생물은 사람 온도를 젤 좋아한대요.

36.5도

온도가 높으면 유산균이 활발. 달콤 새콤한 냄새.

온도가 낮으면 효모균이 활발. 청국장 냄새.

발효가 되면 페트병에 가스가 가득 차요.

빵빵

2~3일에 한 번씩 가스를 빼 주세요. 뚜껑을 다 열면 잡균이 들어가기 쉬우니, 뚜껑만 살짝 돌려서 빼 주세요.

중간에 가스를 안 빼면 샴페인처럼 될 수 있어요.

으악

펑

쌀가루가 가라앉으면

살짝 흔들어 주세요.

여름엔 5~7일. 겨울엔 15일쯤 지나면 발효액 완성

시큼 달콤한 막걸리 냄새랑 비슷.

윽! 냄새?

간혹 발효가 안 되고 상했을 땐 그냥 버리세요.

으음...

왜 그래?

자연을 살리는 데 도움이 된다니까 만들긴 만드는데 말이야.

근데?

막상 쓸 생각을 하니, 이 녀석들이 정말 세제를 대신할 수 있을까? 하는 의심이 드네.

거품도 좀 나 줘야 어쩐지 깨끗해지는 것 같은데 말이야.

습관이란 무섭지? 거품이 잘 나야 깨끗하다고 믿게 되니까 말이야.

하지만 거품에 대한 환상을 깨야 해.

락스

퐁퐁

좋은 예는 아니지만, 거품 없는 락스가 거품 많은 세제보다 살균력은 더 좋거든.

오히려 거품이 너무 많으면 헹굴 때 힘들기만 하지.

샴푸

물 낭비도 심하고.

피부 테스트 통과

조으

큰 회사 제품은 실험도 많이 해서 만들었을 텐데.

이런저런 검사도 통과해야 하고...... 더 안전하지 않을까?

자본주의 시장에서 기업의 가장 큰 목표는 이윤 창출!

10000

10000

1000

1000

10000

1000

이봐! 돈도 좋지만 최소한의 양심은 지켜야지. 이거 이거 통과해야 팔 수 있다고.

정부

왜 기업들이 규제를 당할까? 그동안 이윤을 높이려고 자연과 사람의 건강을 해치는 일을 서슴치 않고 저질러 왔기 때문이라고.

세제 회사도 마찬가지.

세제를 쓰세요. 당신의 삶을 깨끗하게! 라고 말하지만,

이쪽이 진짜.

값싼 합성 세제로 돈 긁어 모으기.

규제하는 내용을 보면 '나쁜 물질 허용치 이내'로 되어 있다고.

허용치보다 적으면 몸에 나쁜 거라도 괜찮은 걸까?

그건 그런데, 합성 세제가 나쁘다는 것과 EM이 좋다는 건 다른 문제라고.

173

미생물 공부를 할 순간이 왔군요.

준비하시라!

네!

지구는 미생물의 별이라고 해도 좋을 만큼 많은 미생물이 살고 있어. (건강한 흙 1그램에 10억 개쯤.)

대부분의 미생물은 좋지도 나쁘지도 않은 중간자 성격

그 가운데 해로운 균이나

이로운 균은 아주 적은 수야.

그런데, 지도자에 따라 중립 미생물이 성격을 바꾸지.

해로운 균을 만나면

나를 따르라!

그래.

거대 부패균으로 변신.

우 왓핫핫!

반대로 이로운 미생물(EM)을 만나면

나랑 놀자.

그래.

이렇게 되는 거야.

저리 가!

뿅

오늘날 자연은 사람들이 마구 더럽혔기 때문에 부패균으로 가득 차게 된 거야.

더 늦기 전에 EM을 도와주어야 해.

힘내라!

그래도 완전 살균하는 게 더 깨끗한 게 아닐까?

균이란 균은 모조리 없는 상태!

멸균

아주 잠깐은 그렇겠지.

하지만 미생물을 완전히 막을 순 없는 법!

지구는 미생물의 별이라니까!

그 가운데 병원균도 있겠지?

멸균 상태

자리가 텅 비었군.

하지만 EM이 있으면

너 여기 오면 우리한테 혼나!

EM에 들어 있는 미생물은 뭐가 있어?

호~ 센 걸?

8억 개가 넘는 미생물들이 들어 있는데, 대표 선수 세 가지를 들자면

광합성균

유산균

효모균 이야.

174

광합성균

35억 년 전부터 지금의 지구를 만드는 데 고생한 공로자.
해로운 가스를 악취 없는 물질로 바꾸고,
항산화 물질을 만들어 낸다.

효모균

곰팡이 가운데 하나.
식물의 성장을 돕는 호르몬을 만들어 낸다.
원래 EM은 유기농법을 위해 개발된 제품.

유산균

세균의 하나.
당분을 유산으로 바꾸는 능력이 있어서 유산균이라고 한다. 나쁜 균을 억제하고 좋은 균이 잘 자라게 한다.

이런저런 특성을 가진 분해균들과 합성균들이 함께 사는 공동체가

바로 나!

EM 이지요.

산화 억제, 물 정화, 유기물 분해

부패 억제

악취제거

좋은 점이 많답니다.

실험을 해 봤어요.

도마를 쓰고 나서

닦은 뒤 그냥 둠 → 대장균, 세균 득실

닦은 뒤 EM 발효액 뿌림 → 대장균, 세균 적음

생물이나 환경에 나쁜 영향을 끼치진 않을까?

김치, 치즈, 된장국은 어떻게 먹나?

대단한 건 알겠는데, 안전한지는 모르겠어.

아무튼 균이잖아.

나쁜 영향을 준다면 이름이 바뀌었겠지. '유해한 미생물'로.

일본 농림 규격, 미국 OMRI, 뉴질랜드 BIO GRO

EM은 해외 유기 인증 단체에서 유기 농산물 자재로 인증받고 있어.

더 많은 정보를 알고 싶다면 여기로.

• www.emkorea.com
• www.emcenter.or.kr
• www.emmania.com
• www.emrokorea.com

EM의 살균력을 살펴봅시다.

EM이 생긴 뒤 세제 없어진 우리 집.

쓰레기 냄새 줄었어요.

EM으로 환삭 이겨내기.

이건 성근

으아

오늘 만든 거

어제 만든 거

사흘 지난 거

나흘 전에 만든 거

7.20 7.19 7.17 7.16

다음엔 여기저기에 요모조모로 써 봐요.

빨리 발효 됐음 좋겠다.

끝

175

써 보자, EM 쌀뜨물 발효액

펑 펑 펑 펑

아, 든든해라.

실제로 이렇게 터지면 곤란해요.

색이 다 다르네?

뭘로 만드느냐에 따라 달라.

흑설탕이나 당밀을 넣어 만든 것은 색이 어둡고,

불그레

누리끼리

흰 설탕이나 노란 설탕을 넣은 것은 밝은색이랍니다.

흰 설탕이 노란 설탕보다 밝아?

내 경험으로는 비슷해.

발효액에 녹차나 한약재, 과일 껍질, 채소 껍질 같은 것을 넣기도 하는데, 당연히 색과 향이 조금씩 달라져요.

대신 발효 속도가 더 빨라질 수 있으니까 가스 빼는 것에 더 신경 써 줘야 해.

뚜껑을 연 발효액의 유통 기한은 한 달쯤.

한 달

하지만 물을 섞으면 그날 안에 다 써야 합니다.

하루

사실, 냄새만 괜찮다면 더 오래 써도 돼요.

잘 발효된 것은 (뚜껑을 열지 않았다면) 반년 넘게 가는 것도 있어요.

따 봉

밀봉

제 경험에서 가장 오래 발효 시킨 것은 넉 달. 써 보니 아주 훌륭했답니다.

발효액만 넣어 쓰는 분무기가 있으면 편해요.

칙 칙

온 집 안에 막걸리 냄새가 진동.

15분 정도 환기 시키면 날아가니까

걱정 마.

냄새 가지고 뭘 그래? 난 물에 타서 먹기도 하는데.

장청소

바로 마시는 건 좀...... 아직 임상 실험을 안 해서.

자, 이제부터 발효액 써 보자고.

뭐부터 할까?

세제를 가장 많이 쓰는 것은 역시 설거지랑 빨래 아닐까?

그럼 설거지부터.

기름기 없는 그릇을 물에 담가 놓고 발효액을 부은 뒤,

반컵~한컵

30분쯤 지나서 수세미로 닦아 주면 끝.

기름이 있는 그릇은?

먼저 기름을 닦은 뒤

주방 세제와 발효액을 1:1로 섞은 것으로 씻으면 돼.

발효액 + 세제

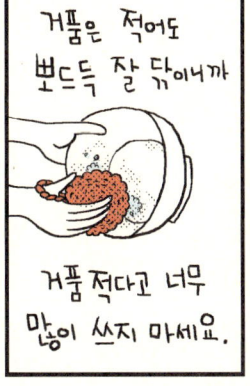

거품은 적어도 뽀드득 잘 닦이니까.

거품 적다고 너무 많이 쓰지 마세요.

수세미, 도마, 행주도 삶지 않고 소독할 수 있어요.

발효액에 담가 놓았다가

햇볕에 말려 주세요.

걸레도 되겠네?

물론 되지.

먼저 깨끗이 빨고.

10 ~ 100 배로 물과 섞어서 헹궈 주세요.

10배?

100배?

저는 그냥 반 컵~한 컵쯤 넣어서 써요.

주당이

언젠가 걸레를 담가 놓고 며칠 시골에 다녀온 적이 있었어요.

으, 다 썩었겠군.

어머. 그대로네.

냄새도 안 나고.

다행

미생물의 힘인가 봐.

그러나, 요즘 손빨래 양은 많지 않지요.

세탁기에 쓰는 법을 알아야지.

우리 집에선 발효액을 가장 많이 없애는 것이 빨래라고.

빨래에 넣을 것은 흰 설탕이나 노란 설탕으로 만든 것으로 준비해 주세요.

흥.

위에 맑은 쪽만 따라서 써요.

전 작은 생수병에 청량물 안 들어 가게 미리 따라 두고 쓴답니다.

초성 초성

당밀이나 흑설탕으로 만든 건 색이 진해서 밝은색 옷에 물들 수도 있으니까.

왜?

또, 밑에 가라앉은 쌀뜨물을 가득가득 옷 솔기에 끼면 지저분해 보이거든.

177

세제는 평소 넣던 양의 반만 넣고요,

발효액도 0.5~1 리터 넣어 줍니다.

큰 컵 두세 잔.

반나절쯤 물에 불린 뒤

돌리면 됩니다.

목 부분 찌든 때는 발효액을 듬뿍 묻혀 한두 시간 뒤 빨아요.

발효액을 섬유유연제 대신 써도 좋아요.

정말?

비율은 1 : 10 (발효액) (빨래)

남아 있는 세제 성분을 중화시키고 정전기를 줄여 주거든.

완전 빨래 박사네.

같은 원리로.

샴푸와 린스 구실도 하지.

주방세제처럼 샴푸나 바디클렌저에 1:1의 비율로 섞어 쓰면 됩니다.

린스도 1:1로 섞으면 되는 거야?

아니야.

그냥 10배로 섞은 물에 헹궈 주는 거야.

목욕물에 반 컵쯤 부어 써도 좋고.

50~100 그램

약 1000배

무좀이 있는 사람은 짬짬이 발효액에 발을 담가 주시라.

10~100배

섬유유연제, 린스, 무좀……

식초 쓰임새랑 비슷하네.

비슷한 면이 많죠.

약산성, 유기산, 살균 효과……

PH 3.5

그렇다면, 채소나 과일 씻는 데도 좋겠군.

발효액을 쓰면 식초값도 아낄 수 있고.

살균 되거라.

먼저 흐르는 물에 잘 씻은 뒤 발효액으로 마무리.

근데 아까 분무기는 왜 사라고 한 거야?

쓸데가 많거든.

EM의 능력 가운데 '악취 제거' 있던 거 기억나?

신발 속이나 신발장에 살짝 뿌리면 고약한 냄새가 사라져.

광이나 다락, 다용도실에도 자주 뿌려 주면 퀴퀴한 냄새가 줄어들 거야.

EM

냉장고 냄새에도 좋아요.

100배로 섞어서 구석구석 닦아 보아요.

벽지 곰팡이는 밝은색 맑은 발효액 뿌리세요.

피아노

텔레비전

거울

가구

창문·창틀

플라스틱 장난감

물걸레질 할 수 있는 모든 곳에 쓸 수 있어요.

식탁

소파

방 바닥

전자레인지

가스레인지

싱크대

178

정전기를 줄여 주니까,

옷에 쓰는 건 언제나 밝은색!

옷에도 살짝.

자동차에 먼지도 적게 붙어요.

녹이 슨 철제품에도 좋아요.

5시간 넘게.

※ 공기가 닿지 않게 푹 담가 두세요.

쩌든 때를 닦을 때는

천이나 휴지에 발효액을 듬뿍 묻혀

쩌든 때를 불린 뒤

한번에 다 안닦여도 실망하지 말고 다시 불리세요.

수세미로 문질러 줍다.

음식물 쓰레기에도 뿌려주면 악취가 덜 나요.

음식물 쓰레기

우리 집은 음식물 쓰레기 봉투가 아예 필요 없는데.

물을 뺀 음식물 쓰레기에 발효액을 듬뿍 뿌려서 공기가 안 통하는 통에 넣어.

맑은 날 흙에 섞어 주면 좋은 비료가 되는 거지.

10~100배로 섞은 발효액을 애완동물 집과 털에 뿌리면 냄새 싹.

화초에는 500 ~1000배로 섞어서 착착.

어항에는 1:10000 비율 발효액을 뿌려 줘.

자기 전에 변기에 한 컵쯤 붓고

아침에 솔로 닦으면 깨끗.

변기가 막혔을 땐 발효액을 듬뿍 넣고 기다렸다가

압축기로 뚫으면 해결.

발효액으로 비누도 만들고

빨랫비누

세숫비누

기초화장품도 만들고

유통기한이 짧으니까 조금씩만 만들어야 해.

스킨

로션

절임 음식에도 조금 넣어 주지.

입 속도 헹구고

장아찌

정말 쓸데가 엄청 나게 많네. 근데, 비율이 헷갈려.

솔직히 나도 그래. 그래서 발효액에 물을 섞지 않고 그냥 쓰고 있어.

다만, 식물과 동물에 뿌릴 때만 조심하면 된대.

잠깐만!

발효액 써 봤는데 별 차이가 없는 것 같아.

빨래도 어쩐지 꾀죄죄한 것 같고!

합성 세제에 들어 있는 형광 증백제, 표백제 땜에 깨끗하게 보이는 것 뿐이야.

발효액 세제는 독한 화학 성분으로 만든 세제와는 달라요.

쓰자마자 바로 효과가 나는 것도, 속이 다 시원해질 만큼 혹 바뀌지도 않지만,

계속 쓰다 보면 느리지만 건강하고 깨끗한 삶을 살 수 있어요.

우리들에게 시간을 좀 주세요.

EM

끝

2권에서
만나요 ♡

얼렁이 뚝딱남 공작부인

등장인물이 정해지고

얼렁 뚝딱 공작부인으로 **결정**

등장인물 가운데 작가와 가장 비슷한 인물은?

나가기 귀찮아하는 건 토굴여사.

재료 쌓아 놓는 건 공작부인.

애 많은 건 교구여왕.

살집 좋은 건 살림박사!

만들기 아이디어는 어떻게 내나요?

필요한 것이 생기면 아까운 것들을 재활용해서 만들어요.

망가진 우산 + 젖은 책가방 = 가방 덮개

마지막으로 독자들에게 할 말은?

저는 진짜로 손재주가 발재주 랍니다.

그래도 우리 기죽지 말고 버려지는 물건들을 쓸모 있게 만들어 보아요. ♡

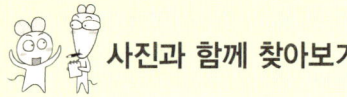

사진과 함께 찾아보기

집 근처에 수북수북
자라 있던 개망초.
얼른 뜯어 나물해 먹었지요.

엄마가 손수 차린
돌상 앞에서
방긋 웃는 셋째 가온이.

단호박, 보라색 양배추,
비트, 솔잎 가루로 물들인
돌상 꽃.

펠트로 만든 마이크.
입에 닿는 거라
빨아 쓸 수도 있어요.

구기자 발효액 건더기를
건지고 있는 둘째 누리.

동생 돌상에 올릴
돌상 꽃을 함께 만들고 있는
누나랑 형아.

아이랑 같이 만들면 아이스크림이 더 맛있어요.

자투리 천과 안 쓰는 단추들로 만든 엄마표 천 주사위.

첫째 하늘이가 네 살 때 함께 만든 조각 그림 맞추기.

비닐봉지와
기관지 확장약 통으로 만든
줄넘기.

도화지에 과일을 그려서
카드를 만들면 **할리 갈리 게임**을
할 수 있지요.

남아도는 **튀밥**으로
강정을 만들면
아이들이 참 좋아해요.

얼렁뚝딱 공작부인 ❶

2015년 6월 15일 1판 1쇄 펴냄

글 그림 반디
편집 김로미, 박세미, 송추향, 유문숙, 이경희, 이지나
디자인 한아람 | **제작** 심준엽
영업·홍보 백봉현, 안명선, 양병희, 이옥한, 정영지, 조병범, 조서연, 최민용
경영 지원 임혜정, 전범준, 한선희
인쇄 (주)로얄프로세스 | **제본** 상지사

펴낸이 윤구병 | **펴낸 곳** (주)도서출판 보리 | **출판 등록** 1991년 8월 6일 제9-279호
주소 (413-120) 경기도 파주시 직지길 492
전화 031-955-3535 | **전송** 031-950-9501
누리집 www.boribook.com | **전자우편** bori@boribook.com

보리는 나무 한 그루를 베어 낼 가치가 있는지 생각하며 책을 만듭니다.

ISBN 978-89-8428-881-2 17590
      978-89-8428-880-5 (세트)

이 도서의 국립중앙도서관 출판시도서목록(CIP)은 서지정보유통지원시스템 홈페이지(http://seoji.nl.go.kr)와
국가자료공동목록시스템(http://www.nl.go.kr/kolisnet)에서 이용하실 수 있습니다.
(CIP제어번호: CIP2015015666)